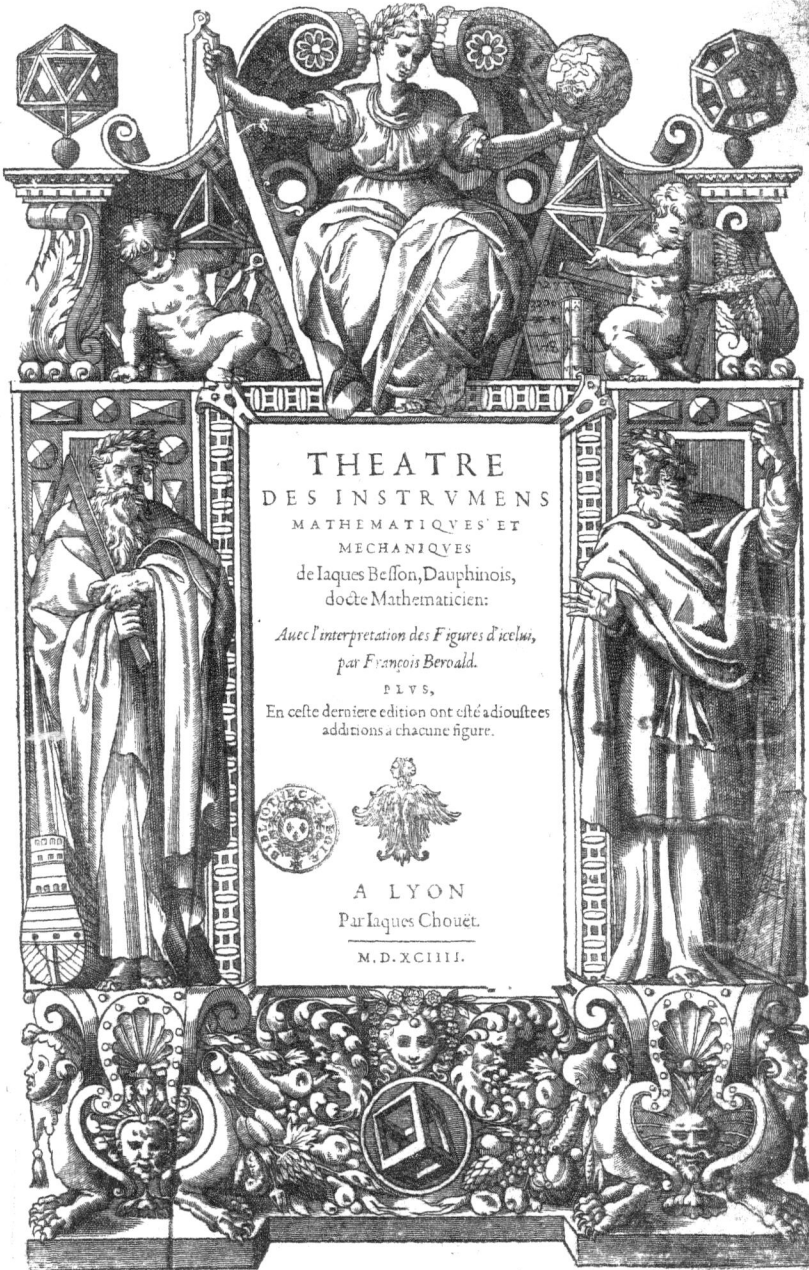

THEATRE
DES INSTRVMENS
MATHEMATIQVES ET
MECHANIQVES

de Iaques Beſſon, Dauphinois,
docte Mathematicien:

Auec l'interpretation des Figures d'icelui,
par François Beroald.

PLVS,
En ceſte derniere edition ont eſté adiouſtees
additions a chacune figure.

A LYON
Par Iaques Chouët.
M. D. XCIIII.

MESSIRE FRANÇOIS DE BONNE,

SEIGNEVR DES DIGVIERES, SERRES, ROYANS, &c.

Conseiller du Roy en son conseil d'Estat, Capitaine de cent hommes
d'armes de ses Ordonnances, & Lieutenant general
pour sa Maiesté es armees de Sauoye
& de Piedmont.

ONSEIGNEVR, Combien que les sages conseils en temps de
paix, & les valeureuses & heureuses entreprises durant la guerre,
rendent recommandables à la posterité les illustres noms des
Princes, Seigneurs, & Gentilshommes tant anciens que moder-
nes, qui sont proposés dedans les histoires; on reconoit outre cela, que les belles inuentions, tant pour l'embellissement, accom-
modement & contentement de la vie humaine, tandis qu'elle
iouït de quelque repos, que pour l'asseurance d'icelle contre la
violence des armes, ont vn vsage qui apporte beaucoup de plaisir & de commodités. Tellement qu'on peut asseurément dire,
que les beaux effects des sciences nobles, notamment de la Geometrie, quand il lui a pleu mettre
la main à l'œuure, & descouurir en quelques machines les secrets innombrables qu'elle contient
en soi, sont comme les apuis de la vie politique & guerriere. De faict, l'experience a monstré de
tout temps, qu'alors que les hommes ont estimé la recerche & pratique louable des instrumens
mathematiques & mechaniques n'estre aucunement necessaire en la societé humaine, les afai-
res sont roulees en vne fondriere d'ignorance & de desordre; dequoi le seul souuenir fait honte,
& seroit incroyable, si les escrits de ceux qui ont vescu dedans la barbarie des siecles passés n'en
faisoyent foy. Pourtant, comme iadis l'histoire Grecque & Romaine a parlé en treslouable part
des grands personnages, qui, outre l'adresse de bien dire, de sagement deliberer, de vaillamment
executer, ont eu l'esprit prompt à conceuoir, enfanter & esleuer des desseins enrichissans la paix
& accommodans la guerre: ceux qui en ces derniers temps ont ioint à la prudence ciuile & à la
resolution Martiale vne conoissance mediocre des delectables secrets des mesures & propor-
tions, ont eu ordinairement les deliberations plus asseurees, & les executions plus heureuses:
Estant ainsi, que l'œil acoustumé à compasser iustement ce qu'il void, & la main à bien tourner
ce qui est expedient, ont l'auantage par dessus vne veuë & force esgaree. Mais d'autant que les
grandes occupations ne permettent à ceux qui les manient de pouuoir ordinairement auoir l'e-
sprit tendu sur tant de choses tout à la fois; il s'est trouué de temps en temps bon nombre de parti-
culiers de moindre estoffe, qui se sont heureusement employés à seruir au public en cest endroit;
conuians par leurs doctes desseins ceux qui ont les moyens de faire (quand il leur plaira) les essais
de ce qu'ils iugeront conuenir au bien des affaires qui se presentent. On peut mettre en ce nombre M. Iaques Iesson, homme qui, par beaucoup d'escrits publiés & semés par la France, a fait
preuue de son sauoir és Mathematiques. Quelque temps auant son deces, ayant recueilli ses esprits pour faire comme vn dernier effort, il inuenta les machines contenues en cest œuure: &
ainsi qu'il estoit sur le poinct de dresser l'exposition bien ample d'icelles, la mort l'emporta hors
du monde: tellement qu'vn œuure si excellent demeuroit imparfait. Toutesfois, à l'aide de quelques personnages versés en la conoissance de ces choses, les figures par lui exactement dressees

* 2

ont esté esclaircies par brieues declarations, qui peuuent donner entree aux moins exercés, & ai-
guiser les gentils esprits, pour penetrer à bon escient iusques au fond de ces hautes inuentions,
voire pour en imaginer d'autres auec nouueau contentement. Or estans sur le poinct de faire
voir le tout en meilleur ordre, MONSEIGNEVR, nous auons pris la hardiesse de l'offrir à vostre
illustre Nom, tant pour tesmoigner l'humble reconoissance que nous deuons à vos vertus, ausquelles nous nous sentons obligés, pour plusieurs raisons; que pour donner occasion à vous, qui
(tant à cause de vostre erudition que long exercice au faict de la guerre, où la valeur & le bonheur
vous ont acompagnés iusques à present, par vne singuliere faueur de Dieu) estes tresentendu en
la conoissance de toutes nobles inuentions, de faire valoir celles qui vous sont ici presentees autant que iugerez conuenable; & pour les recommander par vostre renommee à tous ceux qui les
auront pour agreables; comme nous esperons qu'elles ne desplairont sinon aux ignorans. Nous
laissons aux doctes les discours des inuenteurs de ces disciplines liberales, de l'excellence & pro-
fitable necessité d'icelles, de la recommandation speciale des Mechaniques & de tout ce qui en
depend, le denombrement des Empereurs, Rois, Princes & Seigneurs qui s'y sont adonnés auec
honneur. Car n'estant besoin de vous ramenteuoir ce qui vous est tresfamilier, ni de changer
vne simple preface en vn long discours, nous desirons tant seulement que nostre hardiesse vous
soit agreable, & que vostre bon plaisir soit, receuoir de bon œil ce Theatre; permettant que vostre illustre nom lui serue de principal ornement, & comme de portail richement estoffé, pour
attirer tant plus affectueusement à la consideration de ce qui y est compris les esprits honnestes,
& repousser arriere d'icelui tous enuieux & mesdisans. De Lyon ce xxv. de May, 1594.

Vos humbles & obeissans seruiteurs
I. Choüe, & I. de Laon.

A MONDIT SEIGNEVR.

Vn superbe palais, dont la teste esleuce
Auoisine le ciel, se glorifie d'auoir
Vn portail magnific qui belle face voir,
Ains qu'y mettre le pied, la demeure & l'entree.
Ce Theatre excellent, dont la veuë recree
Les hommes plus grossiers, & qui peut esmouuoir
Les esprits genereux de tendre à plus sçauoir,
S'esgaye en vostre nom dont sa face est paree.
S'il demeure couuert de vostre heur & valeur,
De l'enuie ou de temps il ne craint le malheur;
Ains maugré leur effort, qui maint effort deuore,
S'asseure demonstrer dans ses pourtraits diuers
Vostre Nom à la France, & à l'Europe encore,
Voire àtous les pays enclos en l'vniuers.

TOVT PAR COMPAS.

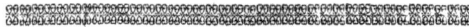

A LVI-MESME.

Attendant que le trait d'vne histoire fidelle
Vn iour presente aux yeux de la posterité
De vos sages exploits la viue verité,
Qui demeure es thresors de memoire eternelle;
Acceptez les pourtraits que Besson nous cizelle
En ce theatre beau. Ce qu'il a merité
Reçoiue lustre encor de vostre authorité,
Qui le sauue des dents de l'enuie cruelle.
Si la mort trop hastiue obscurcit ces tableaux,
Vous tenez le moyen de les rendre nouueaux,
Et pouuez nous bastir vn tout autre theatre:
Il est desia dressé: vos conseils & combats,
Que les fins & les forts en vain veulent debatre,
Rendent tant plus plaisans de Besson les esbats.

DE VERTV, HONNEVR.

*3

PREFACE AV LECTEVR.

IAQVES BESSON, Dauphinois, Ingenieux & Mathematicien du roy de France, mefprifa plufieurs incommoditez, s'expofa à beaucoup de dangers, fit des voyages fafcheux, & en diuers païs, employa toute fa vie, & trauailla en toutes fortes, pour puifer des fources plus cachees desMathematiques & arts mechaniques,diuers fecrets grandement neceffaires à toutes Republiques, & fuffifans pour contenter les eftudes des plus gentils efprits. S'il euft voulu fuïr le trauail,& dés fa ieuneffe s'emparer de l'autorité des anciens, à fin de regratter leurs conceptions,& fe faire valoir par tel moyen, iamais il n'euft atteint à cefte cognoiffance des chofes difficiles, de laquelle il a fait profeffion, au grand proffit de tous. Or entre les œuures excellentes de ce perfonnage de grand & ingenieux efprit, & où fe peut voir de l'artifice admirable, voici vn THEATRE de labeur imminte, rempli de machines & inftrumens plaifans à confiderer, & trefvtiles à pratiquer. Il efperoit bien, en faueur des gens de lettres, adioufter plufieurs autres tables à ce liure, auec vne explication de tout le contenu, pour enfeigner ceux qui ne font des plus exercés en telles chofes : mais d'autant que la fouuenance des trauaux paffés, & la difficulté de ceux qui fe prefenteyent, deftournoyent de fon entreprife ce perfonnage, fouuentesfois reduit à vne condition & maniere de viure fort incertaine: craignant auffi, qu'en voulant prefenter vn ouurage entierement elabouré & fourni de toutes fes parties, la mort le preuinft, & que cefte meilleure part s'efuanouïft auec lui; ayant trouué à propos des pourtrayeurs & graueurs excellens, il fit tailler en cuyure les foixante tables que nous vous offrons maintenant. Et comme il eftoit apres à expliquer ce grand Theatre, auquel il vouloit adioufter quelques nouuelles inuentions&pieces non moins excellentes (affauoir, trois liures: le premier defquels traittoit de l'inuention des moyennes & continuellement proportionnelles: le fecond, des elemens de conuertir le courbe en droites dmenfions: & le troifieme, des exercitations tant du premier que du fecond: Le tout inuenté de tel efprit, que les plus doctes Mathematiciens certifioyent n'y auoir eu iamais inuentions Mathematiques plus proffitables:) la mort l'emporta du monde, & ofta la vie à celui qui viuoit pour feruir aux autres. Or en laiffant deplarer telle perte aux hommes ftudieux, nous defirons que chacun recueille ceci de bonne affection. Cependant, nous voulons bien que tous fçachent, qu'il n'y a ici aucun inftrument ni machine pourtraitte, qui n'aitefté inuentee ou enrichie par Beffon (combien que plufieurs ayent tiré quelque chofe de fes difcours familers, n'ayans eu honte de monftrer çà & là quelques femblables inuentions) & qui ne foit ferme & munie le toutes parts de raifons pregnantes & neceffaires, tirees des Mathematiques & de la Phyfique. Tellement, qu'on peut dire fans vanterie, que ce n'eft point ici l'ouurage d'vn homme oifeux & delicat, ou nourri à l'ombre; mais d'vn qui a fouffert beaucoup, & a confommé de grands biens. Bref, ceft œuure, orné de tant de beles machines, eft tel, qu'il faut dire, que celui qui n'y prendra contentement, eft malade d'ingratitude & enuiemefmement s'il ne fçait ni ne peut faire mieux. Au refte, ami Lecteur, à fin que tu puiffes tirer autant de profit que de plaifir de ces machines, ie les ai declarees fuiuant les raifons fur lefquelles s'eftoit fondé Beffon, anfi que tu pourras voir par la lecture de cefte declaration; pour laquelle mieux entendre, tu noteras ceci en toutes les figures (foit que elles foyent difpofees d'vne façon ou d'autre) que la tefte du liure eft nommee Septentrion; la ligne du bord de la planche eftant pour cefte caufe appellee Septentrionale : le bas, Midi : le bord de la planche tourné deuers ce quartier, Meridionale: la coufture, Occident, & le bord qui la regarde, la ligne Occidentale s'oppofee, Orient, & la ligne, Orientale. Et outre, pourautant qu'il n'y a point de lettres és planches qui feruent à demonftrer, à fin que ie te meine au lieu que i'entendrai, i'vferai fouuent d'vne mefure diuifee en xxiiij. parties, laquelle auec tout le refte eft mife en la prochaine page, à laquelle tu pourras auoir recours. Bien te foit.

Ligne Septentrionale.

Angle de Septentrion & d'Occident.

Angle d'Orient & de Septentrion.

Ligne Occidentale.

Ligne Orientale.

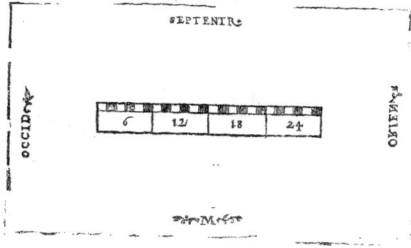

SEPTENTR.

OCCIDENT

ORIENT

| 6 | 12 | 18 | 24 |

MIDI

Angle d'Occident & de Midi.

Angle de Midi & d'Orient.

Ligne Meridionale.

AVX AMATEVRS DE CES SCIENCES,
ODE.

Q Ve sert-il, estant en vie,
De seicher dessous l'enuie,
Qui en nous minant le cœur,
Et faisant forcer nature,
Nous contraint, auecques cure,
De cercher ici honneur?
Ou soit par quelque vaillance,
Quelque labeur, ou science,
Ou en suiuant le destin,
Qui nous tenant compagnie
Iusqu'à l'heure definie,
Void auec nous nostre fin?

Si la dent impitoyable
Du faucheur d'ans imployable
Nous fait sentir son effort,
Et à peu nos iours moissonne,
Sans qu'aux doctes il pardonne,
Les mettant mesmes à mort;
Abusant leur esperance,
Qui leur donnoit patience
A souffrir plusieurs ennuis;
Desirans de voir vne heure
Muer en vne meilleure
Cent & cent fascheuses nuicts:

Que pour la future race
Induire à suiure leur trace,
Et acquerir du sçauoir,
Non pour d'vne vaine glorre
Eterniser leur memoire,
Et des gens se faire voir.

Car la vanité tres-vaine
Est celle qui se pourmeine
Dans l'humain entendement,
Lequel poussé par sa flame,
Veut faire viure son ame
En terre eternellement:
Ou auec leur industrie
Faire bien à leur patrie,
Comme faisoit nostre autheur,
Qui suant sous son aleine,
N'espargna iamais sa peine,
Tant qu'és os il eut vigueur.

Doncques d'vn œil debonnaire
Vueillez de cœur accueil faire
A ce Theatre diuin;
Et que chacun y proffite,
Ou qu'apart soi on s'incite
D'y mettre à mieux mieux la main.

Quant à moi, ie veux poursuiure
(Si Dieu me laisse tant viure)
De faire vn iour voir comment
Il m'incite le courage,
Pour paracheuer mon aage
A l'imiter seulement:
Ce que faisant, ie desire
Que ceux qui me viendront lire,
Soyent tant sur moi enuieux,
Qu'au regard de mon ouurage
Ils soyent espris d'auantage,
Et taschent à faire mieux.

MVSA FOELICITAS ALTERA.

Ce liure ne veut point d'vn langage mignard
Pour parer sa beauté, l'attrayante eloquence:
Car il veut seulement, qu'on monstre la science
Par mots assez communs aux raisons de son art.

Sepen.
Ang.
Occid.

Orient.
Ang.
Septen.

Figure Premiere.

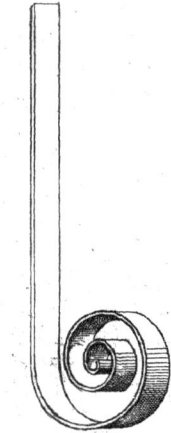

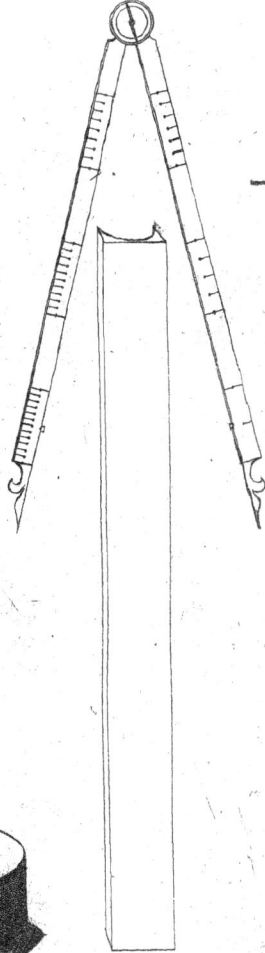

Occid.
Ang.
Midi.

Midi.
Ang.
Orient.

LIGNE MERIDIONALE.

B.

PROPOSITION DE L'AVTHEVR

SVR LA II. FIGVRE.

INSTRVMENT NOVVEAV ET SINGVLIER, BON PÓVR MESVRER,
TOVTES LES PARTIES DE TOVS CORPS, QV'ON VOVDRA SE
PROPOSER, POVR EN COMPRENDRE LA SIMMETRIE ET PROPOR-
TION AV BASTIMENT D'ICELVY CORPS.

Declaration de la mesme Figure II.

'Est Instrumét est composé de deux Reigles de Bois, où d'airain, où de toute autre matiere qu'on veut: dont l'vne (que nous appellerons la dessus) tend de l'Angle d'Occident, & de Midi à l'Angle d'Orient & de Septétrion; & l'autre tire & pend tout droit de Septentrion à Midi : estant l'vne & l'autre diuisée egalement en quinze parties, chascune partie l'estant derechef en cinq, de maniere qu'il a 75. Part. en tout. Or en icelle de dessus se monstre vne Teste de Clou, dót la Figure est peinte à part vers Occident, tout ainsi que des autres parties Interieures de tout l'Instrument : desquelles parties la premiere & plus prochaine du Midi, est l'Alhidada, où Reigle demonstrante, que les Latins disent Ostensor : l'autre est vne Teste de Clou, ayant en son bort pourtrais les poincts de l'eschelle Alimetre ou bié des Mesures: l'autre est vne Nauette où Colisse, qui se met dans la Reneure interieure & plus lógue de la Regle de dessus; ayant vn Trou rond au milieu, à fin que se puisse librement tourner celle partie de Clou , qu'on voit sortir de l'autre Nauette séblable, laquelle se mettans la longue Renure. Aussi de l'autre Reigle estant l'autre partie du dict Clou qu'on voit auec la cinquiesme Figure, vne Vis, par laquelle on puisse bié serrer, & clorre l'Instrument . En l'vne & en l'autre encores des Regles susdictes y a vne autre Renute plus courte & plus estroite par laquelle se dict Clou puisse aller & venir, à fin que les Nauettes ayent libre mouuement aux Renures les plus longues Au demeurant, cest Instrument est grandemét semblable au Compas d'Euclides. que nostre Auteur a retrouué ; & le peut on appliquer à beaucoup d'vsages ainsi que Dieu aidant vne autre fois ie monstreray.

Addition.

Mais combien que le dict Instrument soit icy diuisé en 75 .parties, si est ce qu'il se peut faire de telle grádeur, que la commodité portera de celuy qui le veut auoir. D'auantage les Reigles sus mentionnées , sont quant à leur corps Quartées. Plattes & de telle espesseur, qu'on y puisse tout du long faire es Renues sus dictes à quëue d'Hironde ; où les Nauettes soyent bien & proprement adioustées .

Septen.
Ang.
Occid.

Orient.
Ang.
Septen.

Figure Deuxiefme.

LIGNE OCCIDENTALE.

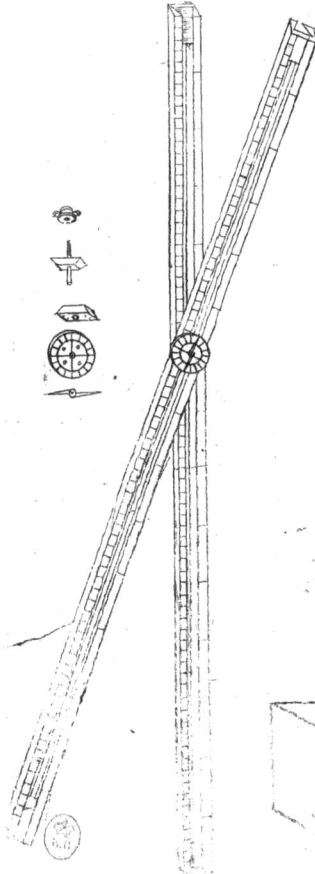

LIGNE ORIENTALE.

Occid.
Ang.
Midi.

Midi.
Ang.
Orient.

PROPOSITION DE L'AVTHEVR

SVR LA III. FIGVRE.

COMPAS NOVVEAV ET VNIVERSEL, POVR DESCRIRE, SELON
L'ORDRE DES PYRAMIDES ET FIGVRES DE DROICTES LIGNES,
TOVTES FIGVRES PLAINES DE LIGNES COVRBES, CORRESPON-
DANTES A L'ORDRE DES DICTES FIGVRES RECTILIGNES.

Declaration de la mesme Figure III.

Es parties de ce Compas si excellent, sont telles. Premierement du costé d'Orient il y a vne lambe tendant de Septentrion à Midy; là où elle a trois poinctes pour la pouuoir ficher en la Pyramide, qui a sa baze regardât le Septentrion faicte en Triangle Equilateral Rectiligne. Or ceste Pyramide ou elle est fixe, ou bien elle se rourne à l'entour de la dicte lambe; laquelle est du tout fixe & immobile. S'elle s'y tourne les Figures quarrees, ou de plusieurs costez ne peuuent pas estre descriptes par ce Compas, d'vn seul traict: car lors faudroyt que le costé de la Pyramide fust tendu & mis soubs le costé de la Figure proposée: & s'elle y est fixe, il faudra auoyr plusieurs autres Pyramides selon la constitution des lignes de la Figure. Le demeurant de l'assemblage appartient au mouuemét & firmité de la Machine. Quant a son Bras Septentrional, parallel à la ligne de Midy, qui va d'Orient en Occident, & est long deux Mes. 20. Part. des nostres: il se tourne librement entour la lambe fixe, loing des poinctes 2. Mes. 12. Part. & en iceluy se meuuent quarrement deux Regles, à la susdicte lambe paralleles: au milieu desquelles se meut vn autre petit Bras quarré, moindre en grandeur, ayant en son bout Oriental attachée vne Roulette; laquelle se tourne de tous costez de la Pyramide: afin que la poincte mobile, (qui est au troisiesme petit Bras, les contans de puis le Septentrion) se puisse approcher vers Orient, & aussi l'en delogner. Finalement l'Arc rassemblant vn arc Turquoys, est icy posé, afin que luy ayant mise vne main, & l'autre à la lambe fixe, on descriue la Figure, qu'il voudra: laquelle on fera plus grande ou plus petite, selon que plus ou moins on approchera ou delognera de la Pyramide la poincte mobile dessus dicte. Il est aussi à noter, que cest Arc doit estre tousiours attaché par son milieu au petit Bras qui est entre deux.

Addition.

Il faut pareillement aduiser, que la Pyramide cy deuant mentionnée, doit estre separable: c'est à dire, se pouuant oster & mettre, lors que besoing sera: & doit auoir son Trou quarré, comme aussi quarrée doit estre la partie de la lambe fixe, quy, entrera dedans. Apres outre ceste Pyramide, laquelle (comme on voyt) est faicte en Triangle; il en faut auoyr plusieurs autres ou Quarrees, ou Pentagones, ou Hexagones, & semblables, selon les Figures qu'on veut faire. Car on ne peut appeller cest Instrumét Compas, sinon entant qu'à l'imitation du Compas il doit former vne Figure toute d'vn traict: ce qui aduiendra selon la Pyramide qui y sera posée. Il reste encores à considerer, que dessus la Pyramide vers Septentrion, paroissent en la lambe fixe six Trous lesquels sont mis là, pour y entrer vne Cheuille, qui viendra de la Pyramide, afin de la hausser lors, que la poincte de la lambe ne se pourroit plus approcher, a cause de la grosseur d'icelle, quand on voudroit faire vne petite Figure.

Figure Troisiesme.

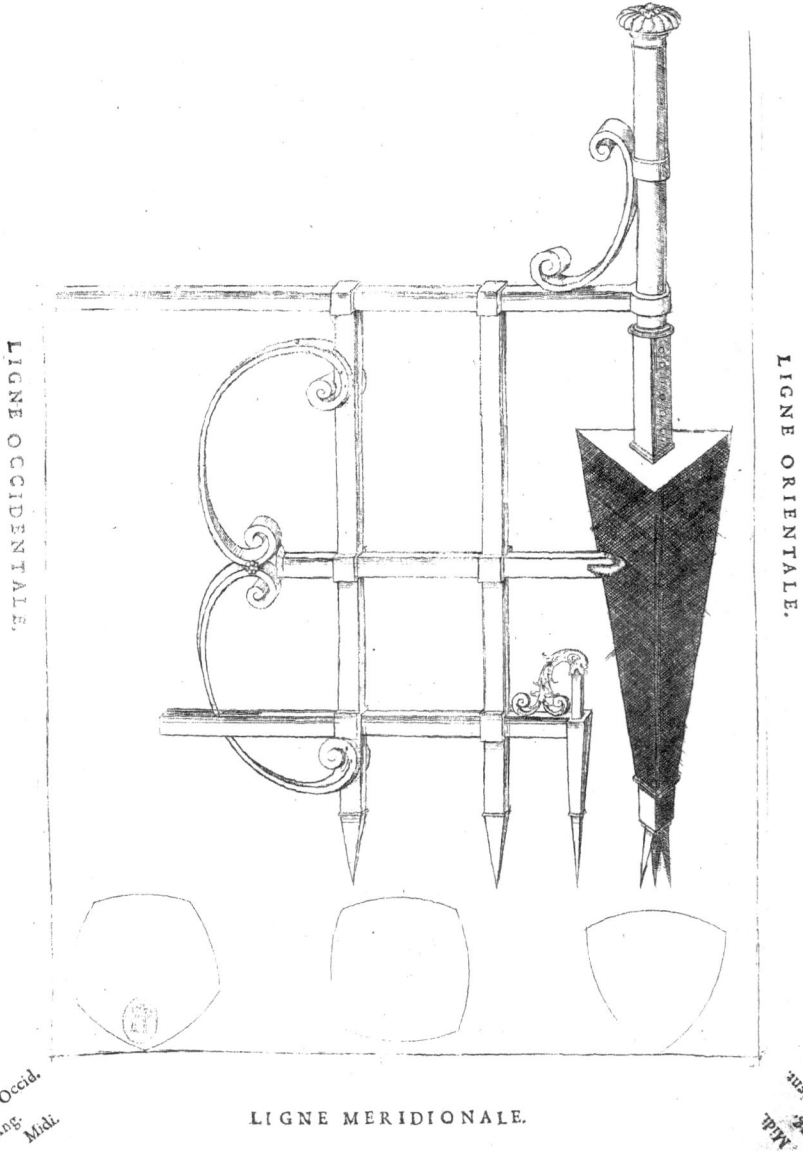

PROPOSITION DE L'AVTHEVR

SVR LA IIII. FIGVRE.

VN AVTRE NOVVEAV COMPAS, CONTRAIRE AV PRECEDENT; D'AV-
TANT QVIL SERT POVR DESCRIRE LES FIGVRES DE DROICTE
LIGNE, SELON L'ORDRE DE CERTAINES PYRAMIDES CONNEXES
QVI ONT LES PRECEDENTES FIGVRES PLAINES DE COVRBES
LIGNES POVR BASES.

Declaration de la mesme Figure IIII.

LEs parties de ce Compas ici sont aucunemét diuerses d'icelles du precedent;com-
bien qu'en quelqu'vne ils sont semblables. Car il a vne pareille iambe fixe , & vn
bras Septentrional se tournant autour d'icelle. Toutesfoys si l'assemblage de l'vn
& de l'autre estoit semblable ,& tel qu'en cestuy cy; ce seroyt le meilleur : car ils
doyuent estre differens tant seulement en la Pyramide. Au demurant ces Canaux
ou petites Renures , qui sont és deux Regles perpendiculaires (entre lesquelles se
peuuent mener & r'emmener les petis Bras, afin d'auácer & retirer la Poincte mobile) seruent pour hausser & baisser la mesme Poincte , si le centre & la circumfe-
rence n'estoyent en vne superficie esgale & platte. Ce que l'experiéce enseignera
au diligent Lecteur tout clairement.

Addition.

CEste petite difference qui est entre le present Compas & le dessus ; y a esté mise pour plus grande commodité de celuy, qui l'aimera. Car si les deux estoyent du tout semblables, ils ne seroyét que vn:pource
qu'en mettant en cestuy cy vne Pyramide de droictes lignes, il formera les Figures aussi de lignes droictes : comme si en l'autre on y met vne Pyramide de Courbes lignes, celuy fera ne plus ny moins ce , que
faict cestuy cy. Parquoy il a esté fort bien pensé de les former vn peu differens.

LIGNE SEPTENTRIONALE.

Figure Quatriesme.

Ang. Seprent.
Occid.

Ang. Septent.
Orient.

LIGNE OCCIDENTALE.

LIGNE ORIENTALE.

Occid.
Ang.
Midi.

Ang.
Midi.
Orient.

LIGNE MERIDIONALE.

PROPOSITION DE L'AVTHEVR

SVR LA V. FIGVRE.

COMPAS AVSSY NOVVEAV ET VNIVERSEL POVR DESCRIRE TOVT
D'VN TRAICT LA FIGVRE OVALE, DONT LE DIAMETRE PEVT
ESTRE TANT LONG, OV COVRT, QVE LONGVE OV COVRTE
ON LA VOVDRA.

Declaration de la mesme Figure V.

LE Compas a quelque chose de commun auec les autres; à sçauoir vne iambe, fixe, & le Bras d'enhaut Volubile, & trois Regles parallees, de Septétrion tendátes à Midi: les autres parties sont siennes propres. Car il y a aussi vers Midi vn autre Bras parallel, & semblable au deuät dict. Puis apres en la Iambe fixe y sont deux Boulles rondes, dont la premiere est loing des poinctes 1. Mes.7. Part. & l'autre loing d'icelle 1.mes.2 Part. Au tour desquelles Boulles ont libre mouuement deux Orbes, qui semblent deux Tranchoirs moyennement espaix; à fin que la Vis qu'on y voit, puisse entrer en leur espesseur, & l'vne & l'autre Boulle poser & bien serrer selon le plaisir de l'Operant. D'auantage au milieu de chascune des deux Boulles y est vne Renure faicte en telle sorte que la partie inferieure est plus large que la superieure; dont on la dict, faicte à quëue d'Hironde, & en icelle on y met propremét vne Nauette, se mouuant circulairement, & librement au tour de la dicte Iambe fixe. Or de l'vne & l'autre Nauette de l'vne & l'autre Boulle sortent deux Bras semblables & parallels qui ont chascun en son milieu vne Fente par laquelle on puisse facilement pousser & repousser la Regle du milieu, qui a la pointe mobile; & dont le mouuement au centre ou à la Iambe fixe, est reprimé par iceluy Canon, où est la Vis à fin de l'empescher. L'autre Regle appartient à la firmité de la Machine. Or quand les parties tournoyantes seront icy conduictes à l'entour de la fixe & immobile; on descrira l'Ouale; estant ce neátmoins les Orbes dessus dicts en telle maniere disposés, qu'vne partie penche en bas, & l'autre môte en haut. Car lors les Diamettes au plan & superfice, en laquelle la Iambe fixe est esleuée és Angles droits, sont plus petis en la partie haute, qu'en la basse: Ce que le diligent explorateur verra facilement.

Addition.

L'Ouale est vne Figure qui pour sa beauté se treuue souuent és edifices, & en plusieurs sortes; pour laquelle faire y a beaucoup d'inuentions en partie mal pensées, en partie d'vn long ouurage & difficile, en partie aussi dommageables, & dont quelques fois est gastée la besongne, sur laquelle on faict l'Ouale. A toutes lesquelles incommodités on preuient par le moyen de ce Compas vrayement gentil & excellent. Quant à la Vis qui paroist en la Nauette, elle ne sert de rien; d'autant que la Nauette doit estre d'vne mesme piece que le petit Bras fendu, qui en vient; & dans la fente duquel entre la Regle du milieu perpendiculaire, qu'on voit. Laquelle Regle a son mouuement libre dans les deux petis Bras susdicts, où elle entre; à fin qu'estát poussée elle approche & recule de la Iambe fixe, à cause du penchemét des Orbes: pource que s'ils estoyent droits; c'est à dire parallels à la superfice, sur laquelle on veut descrire l'Ouale; on descriroit vne Figure Ronde: mais estans penchés, leurs Diametres s'accourcissent; à cause que la circunference s'approche du pied où Iambe mobile, qui est le ce ntre. Finalement la Regle Occidentale perpendiculaire doit estre Quarrée par son bas, & serrée sur le Bras Meridional auec vne petite vis; comme par en haut vers Septentrion elle est sur le Bras Septentrional.

Figure Cinquiefme.

LIGNE OCCIDENTALE

LIGNE ORIENTALE.

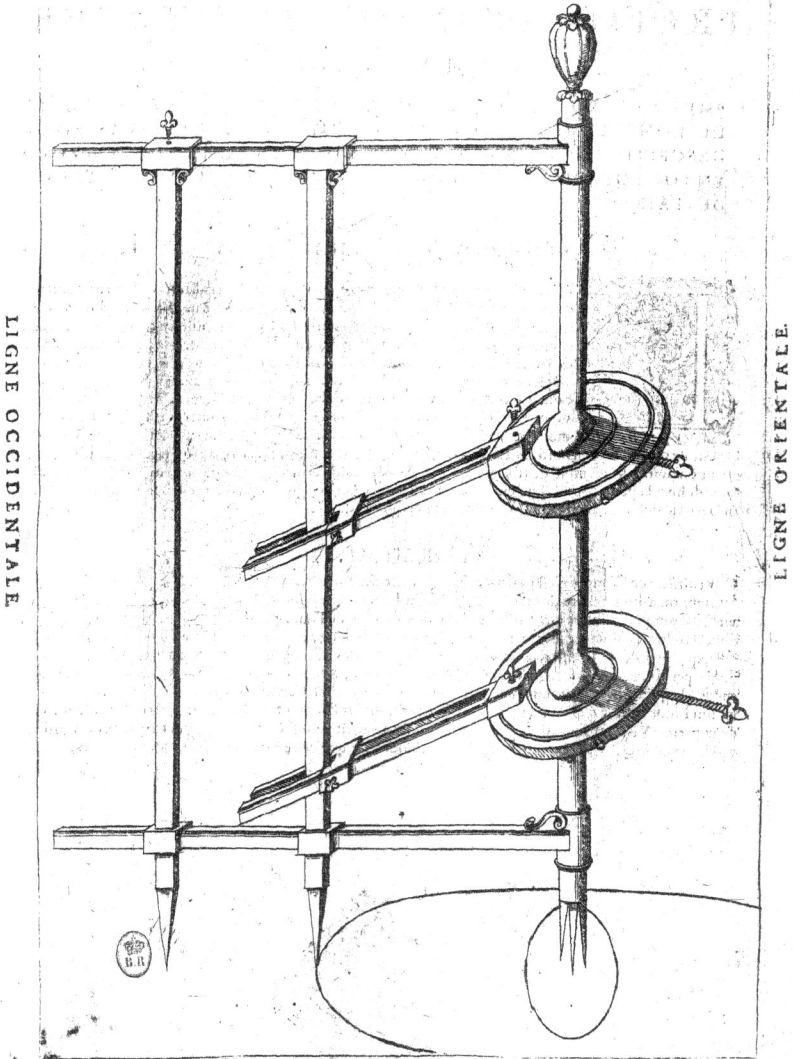

LIGNE MERIDIONALE

C.

PROPOSITION DE L'AVTHEVR

SVR LA VI. FIGVRE.

COMPAS DE NOSTRE INVENTION, COMME LES AVTRES; LÉQVEL
DE LONG TEMPS NOVS AVONS COMMVNIQVE A PLVSIEVRS POVR
DESCRIRE EN VN PLAN TOVTE LIGNE SPIRALE, SANS AVCVN
ENTORTILLEMENT DE CORDE, NY AVTRE DECEVABLE FACON
DE FAIRE.

Declaration de la mesme Figure   VI.

A Machine entiere & complete de ce Compas est vers Midi : les autres pourtrais
qui sont vers le Septentrion, sont ses parties ; lesquelles me plait d'expliquer. Celle partie lõgue & creuse (laquelle, pource qu'elle, ressemble vne Bombarde, ie veux
l'appeller Canon) est vn Estuys, ayant du costé d'Occident vne poincte, à l'entour
de laquelle se vire le Compas, quand on veut descrire la Spirale. L'autre prochaine piece, est vne Vis à l'Escrouë ; de laquelle est ioincte vne Reigle, qui en son
bout Occidental a vne poincte mobile. Les autres pieces Septentrionales sont
deux façons de Vis, afin de descrire en plusieurs sortes la ligne Spirale ; & se
mettent ores l'vne, ores l'autre dans l'Escrouë. Or au centre de la Roulette
Orientale qui est en son bord tout à l'entour dentée on y met le bout quarré de la Vis ; afin que le Compas
estant en poinct & assemblé de toutes ses pieces, la Vis à l'aide de la dicte Roulette se meuue, & peu à peu
sorte dehors la poincte mobile ; demeurant, tousiours la Reigle, qui la porte en ceste sente quarrée, qui est
en la partie dessus du dict Canon. Qui est ce qu'on propose.

Addition.

L'Vtilité de ce Compas n'est pas moindre que celle des autres; d'autant qu'il aduient souuent;qu'es Basti-
mens on a bien affaire de ceste maniere de ligne : laquelle combien que la coustume soit de la former
auec le Compas ordinaire en grande peine ; estant besoing de l'ouurir & resermer plusieurs fois en plusieurs
trais, & selon la diuersité des centres sur lesquels on besongne ; si est ce qu'elle ne se faict iamais si natu-
relle, que le present Compas la descrit. Mais il est encores à noter, que la Fente ou Renure, que le Canon a par son haut, doit estre longue comme iceluy est, & faicte à queuë d'Hyronde, & la Reigle qui y
entre à l'equipolent. Faut aussi que la Vis soit au milieu du dict Canon, & qu'elle y aye libre mouuement
sur son Piuot, qui se met au trou rond, qu'on voit en l'Instrument complet du costé d'Occident. Ces
deux petites Vis, qui sont au Canon vers Orient ; seruent pour faire tenir la Roulette par le moyen d'vn
cercle, mobile qui y est : lequel estant Fixe au Canon, fait, que ceste Roulette ait son mouuement.

Septent.
Ang.
Occid.

Orien.
Ang.
Septenc.

Figure Sixiefme.

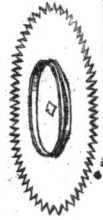

LIGNE OCCIDENTALE

LIGNE ORIENTALE

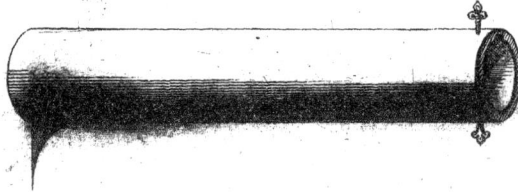

Occid.
Ang.
Midi.

Midi.
Ang.
Orient.

LIGNE MERIDIONALE.

C. 2.

PROPOSITION DE L'AVTHEVR

SVR LA VII. FIGVRE.

TOVR NOVVEAV ET GEOMETRIQVE POVR REDVIRE EN FORME
OVALE TOVT CYLINDRE ET CONE AVEC SES ORNEMENS, ET CE
DE TOVTE MATIERE QVI SE PEVST TOVRNER.

Declaration de la mefme Figure VII.

A cognoiſſance de ce Tour t'apportera d'auenture grand plaiſir, apres que tu en
auras entédu les parties. Sa Baſe eſt comme és vulgaires: mais du bout de ſes pieds
s'eſleuent haut deux Teſtes, que i'appelleray immobiles, d'autant que les autres
ſe bougent, comme on le peut voir par la figure. Or les Teſtes bougeantes & mobiles ont en leur ſommet vne Fente, à fin qu'on y puiſſo aiſément hauſſer & baiſſer vn petit Aix ſelon le mouuement des Orbes, qui ſont entre ces Teſtes mobiles
& les immobiles deuant dictes. Car il y a deux Orbes; l'vn Oriental, l'autre
Occidental; qui ſont ainſi diſpoſés, comme ceux du compas pour deſcrirel'O-
uale: ſur leſquels deux Orbes ſappuye le petit Aix mobile, deſia dict; dans le pertuis
duquel on met l'inſtrument de Fer; qui par là eſt ſelon le mouuement des Orbes, eſleué ou deprimé, à fin
que le Cylindre ſe tourne en forme d'Ouale. Le reſte eſt aſſés clair du ſeul regard de la Figure.

Addition.

LA façon de tourner, que ce preſent Tour nous propoſe; non ſeulement n'eſt poinct à meſpriſer, mais
elle doyt eſtre pluſtot priſée bien grandement. Car ſans le plaiſir, elle apporte vtilité aux Tourneurs,
qui par ſon moyen auront plus viſtement & mieux faict vne piece d'ouurage, que par l'aide de pluſieurs
Vtils, qui ſont propres à leur meſtier. Mais quoy que ce ſoit, en la Teſte immobile Orientale on voit vn
Trou quarré, par où paſſe vn Bois pareillement quarré aſſés long, qui ſert pour approcher & reculer les
Poinctes portans la beſógne, & auſſi les Teſtes mobiles du milieu. Dauantage tant en ceſte Orientale que
en l'Occidentale Teſte immobile ſont comme deux manches de broche, vn pour chaſcune, tournans dans
les Trous ronds, qui ſont en icelles: leſquels deux mâches font les Poinctes ià dictes, eſquelles on met la be
ſógne; & paſſent auſſi outre par les deux Teſtes mobiles, à ceſte meſme fin de les receuoir, percées à iour, ain
ſi que les dictes immobiles. Et ſont faicts en telle ſorte coudez, pour dóner plus de force au mouuemét des
Orbes, qu'ils ſouſtiénent: car autrement n'emporteroit de rien, s'ils eſtoient droits. Or toute la ſubtilité de
ce Tour depéd des deux Orbes, que venons de dire; pource qu'ils ont leurs Centres ſur la meſme ligne, que
le Centre de la beſógne; eſtans tellement faicts, qu'ils ſe peuuent conſtituer librement ſelon la façon, qu'on
veut donner à l'Ouale: car ils ſeruent principalement pour la conduite de l'Vtil & ſe doyuent conſtituer
l'vn comme l'autre, par le moyen des quarts des Cercles dentés, qui s'y voyent. Au reſte, l'Aix dernière-
ment declairé a par tout des trous, & au milieu vne Fente en mode de ſerpent, pour y mettre le Fer ſelon
la Volonté de l'ouurier; d'autant que ceſt Aix conduit l'Inſtrument, la main ne faiſant que le ſouſtenir; &
s'appuye ſur les Orbes, qui au mouuement les font hauſſer & baiſſer; de maniere que le Fer ne touche l'ouurage, que ſelon que hauſſe où baiſſe l'Ais percé auquel eſt l'Vtil. Ne doit eſtre i cy omis que ſi au lieu des
Orbes on y met des autres Figures telles, que celles que deſcrit le ſecond Compas, on tournera de meſme les Figures; la raiſon ne changeant point.

Figure septiesme.

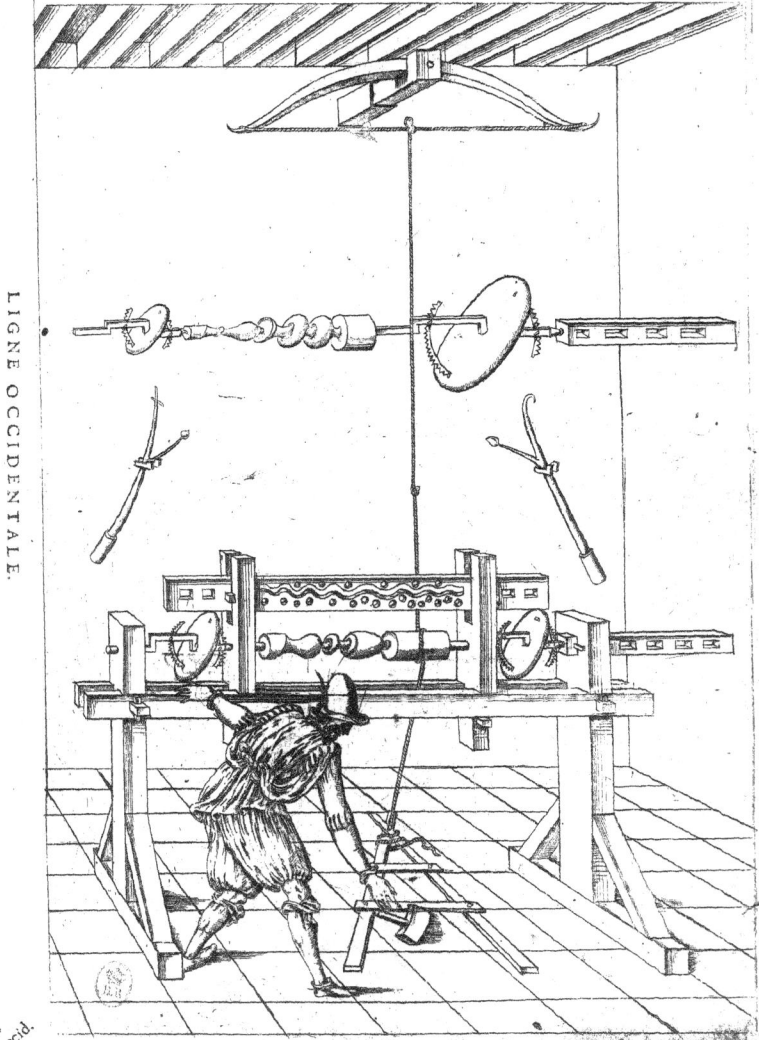

LIGNE OCCIDENTALE.

LIGNE ORIENTALE.

PROPOSITION DE L'AVTHER

SVR LA VIII. FIGVRE.

AVTRE MANIERE DE TOVR TIRE DV PRECEDENT, POVR TOVR-
NER, CAVER, ET ORNER EN FORME OVALE, TACES, ET GOBE-
LETS DE TOVTE MATIERE, QVI PEVT ENDVRER LES VTILS
DE FER.

Declaration de la mefme Figure VIII.

 E Tour, ainfi que la propofition le dict, depend du precedent; lequel eftant bien entendu, en cefte Figure ne fera rien du tout qui foit obfcur. Car on y voit le pe-tit Orbe defia dict, duquel procede la defcription de l'Ouale; pource que ceft Orbe tient à raifon l'Vtil du trauaillant, qui fe monftre eftre mis és fentes perpen-diculaires des Teftes mobiles d'Orient en Occident. Le demeurât fe peut enten-dre par les chofes defia dictes, & par la Figure mefme.

Addition.

LE petit Orbe qui, eft entre les deux Teftes mobiles, doit eftre pour le plus feur accompagné d'vn autre; comme le monftre la Figure, qui eft au deffus du Tour vers Septentrion. Il faut puis apres fe prendre garde, qu'en la Tefte Immobile Occidentale foit vne poincte, où fe mette l'Ouurage; & que les Teftes mo-biles foyent fendues en leur fommet, non poinct pour y mettre vn Aix, comme au precedent, mais le Manche de l'Vtil du Maiftre, lequel s'appuye fur les Orbes, & par iceux eft hauffé & baiffé, pour former l'O-uale, ou autre forte de Figure, qui y feroit. Quand aux Trous quarrés, qui font en la Tefte mobile deuers Orient; ils feruent pour y mettre vne Cheuille, à fin de fouftenir l'Vtil lors, qu'il n'y aura qu'vn Orbe: toutesfoys il vaut mieux qu'il y en aye deux pour la caufe ia alleguée.

Septent.
Ang.
Occid.

Occid.
Ang.
Septectr.

Figure Huictiesme.

LIGNE OCCIDENTALE.

LIGNE ORIENTALE.

Occid.
Ang.
Midi.

Midi.
Ang.
Orient.

PROPOSITION DE L'AVTHEVR

SVR LA IX· FIGVRE·

TIERCE ESPECE DE TOVR, QVI N'EST POINT SANS SVBTILITE
POVR ENGRAVER PETIT A PETIT LA VIS DE QVELQVE FOR-
ME QVE CE SOIT A L'ENTOVR DE TOVTE FIGVRE ET PIECE
RONDE ET SOLIDE, OV AVSSI BIEN OVALE ET CONIDE.

Declaration de la mesme Figure IX.

Vand on aura bien entendu le Compas composé pour descrire la ligne Spirale,
toutes les parties de ce Tour seront faciles. Mais à fin qu'on les entende mieux, il
me plaist de les expliquer particulierement. En premier lieu ses deux pieds sont
leués en haut vers Septentrion 2. Mes. ainsi constituant ses deux Testes immobiles; en l'hauteur desquels (à sçauoir de la Teste Occidentale) se soustient
vne partie de l'ouurage. Puis apres entre ces deux pieds sont trois testes mobiles;
dont l'Occidentale est la plus haute, les autres sont pareilles; & en ceste icy se
meut librement vne Vis; l'Escroüe de laquelle estant fixe, icelle Vis (selon que
le mouuement se faict)s'approche & recule de maniere que son bout Occiden-
tal, auquel est attaché vn Instrument de Fer, en est poussé, & repoussé comme on veut. Dauantage au haut
des Testes fixes vers Septentrion, & loing de la base du Tour 1. Mes. 19. Part. vire vne Perche, au milieu
& extremités de laquelle s'entortillent des Cordes; dont celle du milieu est par l'vn des bouts tirée de la
main du maistre, & par l'autre de la pesanteur du Contrepoix: ce qu'aduient aussi des autres, lesquelles en
semblable lieu ont vn Contrepoix, estant par l'autre bout attachées à la dicte Perche tournoyante. Et de
telles Cordes l'Orientale enuironne tout a l'entour le bout de la Vis, laquelle en est esmeuë; & l'Occidentale, enuironne le dernier bout de l'Ouurage; ce qui est aisé à comprendre. Maintenāt il reste à dire de ce
qu'appartiēt au mouuement de l'Instrument de Fer. Or en iceluy le Peintre a bien falli; pource qu'au Bois
où il se tient qui vient du dernier bout de la Vis, il doit aller haut & bas, & non poinct autrement. Et les
parties qui font son mouuement, sont vn Bois parallel à la terre, long 2. Mes. 18. Part. que vn homme
pousse de son pied, & qu'en son bout tant Oriental, qu'Occidental il a attachés deux autres pieces de Bois
semblables à luy, mais non tant longs. On voit en fin sortir des Testes fixes deux liges, ayans des Poulies,
esquelles entrent des Cordes, qui viennent des dictes pieces de Bois; de l'autre partie desquelles Cordes
pendent les contrepoix. Ces choses la Figure l'enseignera.

Addition.

QVand à la Teste mobile Occidétale, de laquelle on a remostré qu'en sa hauteur se soustient vne partie
de l'Ouurage; faut sçauoir, que cela se faict pource qu'elle a en soy la Poincte, sur laquelle vn Bout
de l'Ouurage vire, loing de la Base du Tour vers Septétrion 23. Part. Pour laquelle raison aussi la Teste mobile Occidentale, est plus haute que les autres deux; à fin qu'elle puisse porter sa poincte, sur laquelle l'autre
bout de la Besongne tourne en telle hauteur, que la Teste immobile desià dicte. D'autre costé, la Vis est re-
nue dans vn Bois creux, duquel est supportée en toutes ses parties; ayant en son milieu l'Escroüe, de laquelle on a parlé. La Corde aussi du milieu de la Perche sert à cecy; que le Maistre en la tirant par le bout
qui la en sa main, il fait tourner la Perche & les Barillets, & par consequent l'Ouurage de la Vis: lequel
ouurage en tournant, se prepare à se faire entamer & engrauer par le Fer; car il n'entame, ny engraue
poinct, s'il n'est poussé; où si la piece qui doit estre ouuragée, n'est menée & reuirée. Puis quád le Tourneur
rameine la main en haut, les Contrepoix tirent de leur costé: & par ainsi la Vis qu'auparauant poussoit
l'Vtil se recule lors seulement le poussant quand l'Ouurage tourne; & seulement lors le retirant quand il
destourne.

Figure Neufiefme.

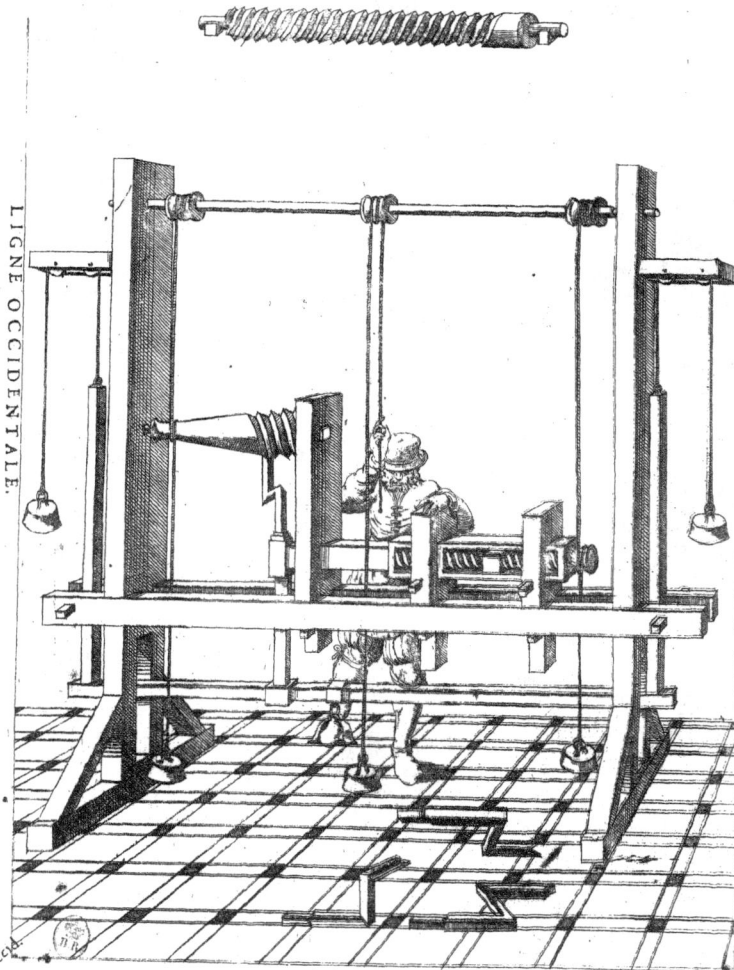

LIGNE OCCIDENTALE.

LIGNE ORIENTALE.

LIGNE MERIDIONALE.　　D.

PROPOSITION DE L'AVTHEVR

SVR LA X FIGVRE.

AVTRE SORTE FINALEMENT DE TOVR, QVI N'A PAS EN-
CORES ESTE VEV, POVR POLIR, ET COVPPER EN PIE-
CES MARBRE, ET TOVTE ESPECE DE PIERRE DVRE,
POVR LES ORNEMENS DES EDIFICES MAGNIFIQVES ET
SOMPTVEVX.

Declaration de la mesme Figure, X.

A Base de ce Tour est en mode d'vn Establier de Manouurier, en la superficie de laquelle, du costé de Septentrion, vers l'Ouurier, est le Marbre, qu'on doit polir. Vis à vis d'iceluy, il y a vne Balance, que l'Ouurier tire à soy de sa main gauche par le moyen d'vne Corde, qu'y est attachée, loing de la Teste d'icelle Balâce, laquel-le est tournée vers Septentrion, 1.Mes.6. Part. & auec sa dextre, le mesme Ouurier fait aller & venir le Fer qui Couppe, ou bien polit. A la dicte Teste de la Balance se tiennent deux Arcs, és bouts desquels sont quelques Bastons, mis l'vn sur l'autre à forme de Croix : et d'iceux l'assemblage, pource qu'il semble les pieds d'vn Sau-tereau, ie veux l'appeller d'vn tel nom. Or cestuy Sautereau, quand la Teste de la Balance se recule, il pousse le Pollissoir, ou bien Couppoir : & quand elle s'approche, il le retire.

Addition.

Ceste Machine n'est pas proprement vn Tour, d'autant que l'effect du Tour est, que par luy le Fer ou vtil va à l'entour de la Piece, qu'on tourne : toutesfois elle est ainsi appellee pour la similitude du mouue-ment, qui est le tour & retour. Mais laissant cela, nostre Interprete a esté trop brief, en nous declarant ceste Machine; laquelle certes par son excellence & nouueauté doit estre mieux considerée en toutes ses parties, (ainsi qu'il a fait en son Interpretation Françoise) afin qu'on l'entendit mieux, pour mieux s'en seruir. Or en la partie Meridionale apparoit vne Vis, ayant vne Signole en son bout Oriental, par le Moyen de laquelle elle est menee: & entour ceste Vis est vne Escroüe, qui va & vient autour d'elle d'Orient en Occident, & au contraire: estant toutesfois tenue à raison par vne piece de Bois, qui d'elle va à l'angle de Septentrion & d'Orient, à laquelle piece de Bois est vne autre parallele & pareille deuers Occident, assemblées l'vne à l'au-tre vers l'Angle Septentrional & Oriental par trois autres Pieces plus courtes; l'vne estant où se voit l'Ou-ürier, & les deux autres au bout de l'assemblage de ces Bastons en croix, que nostre Interprete nomme Sau-tereau, combien qu'en François se dient Happeuillain. Et sont les deux premieres pieces de Boys ainsi ioinctes l'vne à l'autre en Chassis, afin que tenues à raison, ne s'approchent ny reculent l'vne de l'autre ; & parainsi perd son mouuement ce Tour, qu'elles ont à leurs deux bouts à l'angle d'Occident & de Midy, tournant sur deux Piuots, quasi comme és derrieres des Chars, sur lesquels on charrie les foins ou bleds. D'auantage, en ce Tour passe à trauers vne Perche droite, qui a vers Midy vn demy Orbe percé à iour & en son bout Septentrional vn Bois trauersier : de sorte qu'il nous descrit comme vn T. Laquelle piece ainsi faicte est celle qu'on nomme Balance; pource que la pesanteur du demy Orbe rameine ce, que l'homme premierement a tiré à soy. Et ceste sienne partie Septentrionale en est appellée la Teste, laquelle és deux bouts de son Bois, trauersier a deux Anneaux, dans lesquels entrent deux Arcs de Fer, qui finissent sur l'vne des pieces de Bois de l'assemblage du Chassis: laquelle piece est la seconde, en commençant à conter deuers le Septentrion; & en laquelle finit aussi le Sautereau, qui y a sa premiere cheuille; hors laquelle il sort, pour aller vers les Arcs, auxquels il tient: de maniere que quâd la Balance approche de l'Ouurier, le Sautereau se serre: & quand elle se retire, il se pousse ; pource qu'à son approcher elle fait eslargir ses arcs, qui tiennent au Sautereau ; & à son reculer elle les serre: la nature du dict Sautereau estant telle, que lors qu'on eslargit ses premiers pieds, il se serre & accourcit; & quand on les serre, il s'allonge. Au demeurant la Corde que l'Ou-urier tire à soy de sa main gauche , est celle par le moyen de laquelle tout le mouuement est fai : car la Ba-lance pour la pesanteur de son demy Orbe, tire tousiours vers terre perpédiculairement: d'où vient, qu'e-stant tirée par la Corde, elle quitte son lieu: ce qui nous empeschât le soudain tirement: de l'Ouurier, la met en branle de sorte, qu'elle fait aller & venir gay se Coupoir ou Polisoir, par le moyen du Sautereau. Qui est toute la subtilité de la Machine. Car quant à la Vis, elle ne sert que pour luy faire changer de place, lors qu'on aura assés poli ou Couppé en vn lieu, l'ouurier la virant & menant par la Signole à son plaisir.

Figure Dixiesme.

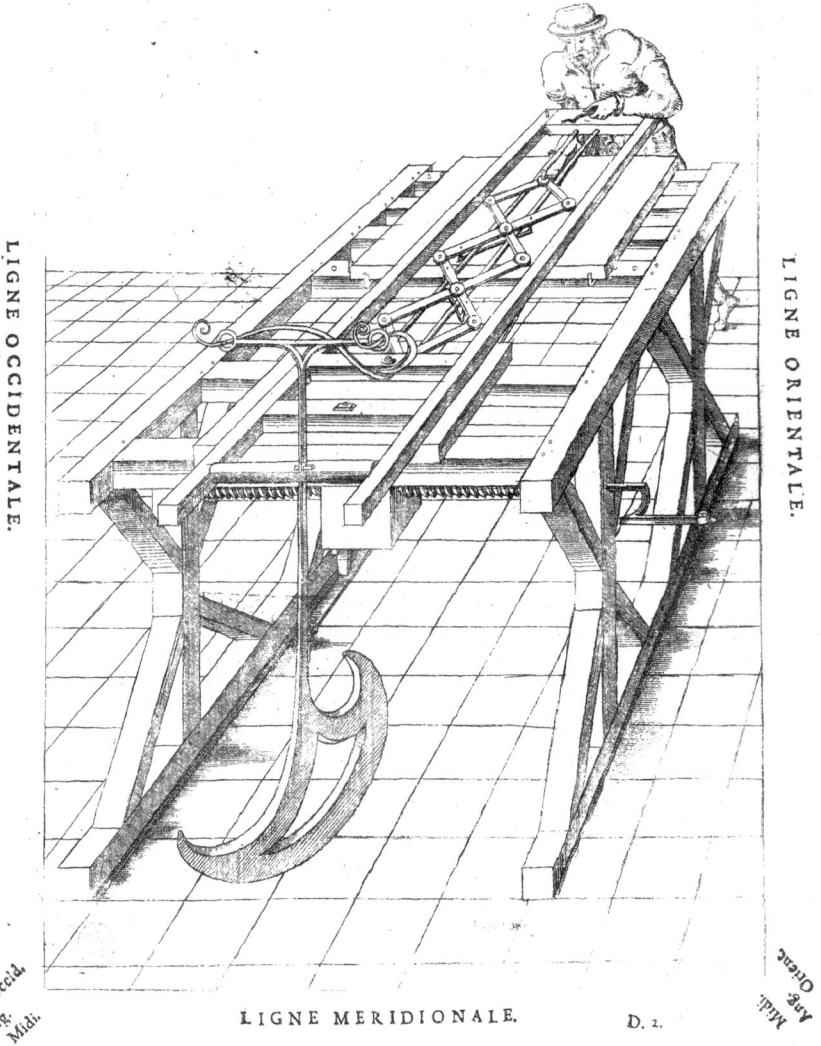

PROPOSITION DE L'AVTHEVR

SVR LA XI. FIGVRE.

ESPECE DE CONTREPOIX NOVVEAV, LEQVEL ESBRANLE PAR
LES MAINS D'VN OV DE DEVX HOMMES EN FORME DE CLOCHE
A TANT DE FORCE, QV'IL FAIT CHAVFER DEVX GRANS SOVF-
FLETS ES MINIERES, COMME S'ILS ESTOYENT AGITEZ OV PAR
COVRS D'EAV, OV PAR CHEVAVX TIRANS ET TORNOYANS.

Declaration de la mesme Figure. XI.

Out ce qui est icy proposé est facile à voir. Vers Orient y sont deux ouuriers, & le
dict contrepoix pendu d'vn Bois, qui a d'hauteur. 2.Mes.3. Part. Puis apres suyuent
les soufflets,& dernierement la Forge,laquelle est quasi semblable aux vulgaires,
hormis le Contrepoix.

Addition.

LE Contrepoix duquel on parle icy,est la Balance, que nous auons allieurs de-
claré:toutesfois pour mieux s'en souuenir,nous le repliquerons encores. Elle
est dõques vne longue piece de Bois, qui au bout qui doit tẽdre en bas,a vn demy Orbe espais & pesant,par
le moyen duquel le branle se donne. Or elle est icy fichée enuiron son milieu à vn Ais sur lequel elle se
meut librement;& est pendue du costé d'Orient à vn Pillier,qui va de Midy en Septentrion;ayant son dict
Ais loing du bas du Pillier 2.Mes. 4. Part.lequel Axe, ou Aissieu(cõme nous le voudrõs dire)est croisé d'vn
Bois,ayant à chasque bout vne Perche qui respond l'vne à vn soufflet, & l'autre à l'autre:ledit Pillier estant
fendu, pour donner libre mouuement au Baston croisé. Parquoy aduient , que quand les Ouuriers meuuent la Balance,à tour de Bras luy donnant branle, ils haussent l'vn des soufflets, & baissent l'autre:le haussant quand le Baston tire,& le pressant,quand il pousse. Et par ainsi ne faut point charger de poix les Soufflets, les dicts Bastons les aidans , & les faisans aller plus de mesure,que les Contrepoix : car de telle force
qu'ils les leuent,de telle aussi les pressent.La Forge est vers Occident:ce qui est aisé à cognoistre.

Figure Onziesme.

LIGNE OCCIDENTALE.

LIGNE ORIENTALE.

LIGNE MERIDIONALE.

PROPOSITION DE L'AVTHEVR

SVR LA XII. FIGVRE.

MACHINE QVI DOŸT ENSVYVRE LA PRECEDENTE, TANT POVR
SA NOVVEAVTE, QVE POVR LA PVISSANCE QV'ELLE A DE LE-
VER SVR L'ENCLVME VN GRAND ET GROS MARTINET PAR
L'OEVVRE DE DEVX HOMMES, TEL QV'ON N'EN SAVROYT RIEN
PLVS FAIRE PAR LA FORCE NY DE CHEVAVX, NY D'EAV.

Declaration de la mefme Figure XII.

Oute la raifon de la vehemente motion de cefte Machine icy, depend de la Rouë plus grande ; laquelle eftant pouffée, a vne force merucilleufe : mais afin que nous entendions mieux la chofe il nous faut declarer le tout particulierement. Vers O-rient donques contant de la ligne Meridionale à la Septentrionale 1.Mef.2.Part.il y eft vn Enclume : & contant puis apres de la ligne Orientale à l'Occidentale 6. Part. & de la fufdicte de Midy à celle de Septentrion 2.Mef.6.Part.il y eft vn Mar-tinet;le Manche duquel eft tendu vers les Roües, qui font du flanc Septentrional; dont celle du milieu eft la plus grande, & les deux des coftés pareilles & egales, mais bien plus petites de l'autre d'entredeux : lesquelles toutes font fichées & fe tienent en vn mefme Aiffieu. Or ceft Aiffieu, eftant deçà & delà par fes Manches pouffé de deux Ouuriers, les Roües tournent en façon, que les Cheuilles fichées en l'Aiffieu, rencontrans les branches du Manche du Martinet, ceftuy s'en ieue haut; lequel puis apres tombe & frappe fur l'Enclu-me, eftans les dictes Cheuilles efchapées des dictes branches. Ce qui n'eft pas difficile à comprendre par la Figure.

Addition.

DE tous mouuemés le circulaire eft le plus naturel & le plus parfaict, pource que les parties qui tournét eftans egalement loing du fentre, les fuiuantes ne fendent point autre air, que celuy qui a efté fendu par les precedentes. Ce qui n'eft pas au quarré ny aux figures angulaires. Car l'Angle eft toufiours plus efloi-gné du centre que les coftés: & par ainfi la fuperfice, ou ligne paffant fon milieu, va plus à l'aife, que fa partie qui eft vers l'angle. Parquoy le cercle eftant en fon mouuement le plus propre, on a choifi les Roües Ron-des, defquelles le centre eftant outrepaffé d'vn Aiffieu , le mouuemét fe fait vniforme , & par confequent egal. Mais toutes Roües n'ont pas mouuement ny force egale: car les plus grandes font plus par leur mou-uement, que les petites; tant à caufe de la pefanteur de leur faix, que pour leur grandeur; qui leur caufe plus de temps à mouuoir , que non pas aux petites : & par ainfi , eftans plus long temps à faire leur tour que les moindres, s'il aduient qu'on le leur face faire en mefme temps, leur force fera plusgrande. Et d'vne telle grande Roüe eft icy caufée la force de cefte Machine ; laquelle eft auffi telle, que par l'Interprete à efté de-claree.

Figure Douzieſme.

PROPOSITION DE L'AVTHEVR

SVR LA XIII· FIGVRE.

NOVVELLE MACHINE A SCIER ARBRES ET POVLTRES, PAR LAQVEL-
LE DEVX·OVVRIERS, EN FAISANT TOVRNER DEVX ROVES, FONT
AVTANT, QV'A LA FACON COMMVNE FEROIENT HVICT: ET CE
EST AVX FORETS, OV LE COVRS DE L'EAV DEFFAVT: MOYENNANT
TOVTESFOIS QV'ELLE SOIT MISE EN LIEV BAS, ET LA OV ON Y
PVISSE TRAINER LES ARBRES DESSVS A PLAIN PIED.

Declaration de la mefme Figure   XIII.

'Affemblage de cefte Machine tend d'Orient en Occident, baftie fur quattre pie-
ces de Bois, (comme ie les·appelleray) Gemelles: dont les deux plus grandes,
qui en les contant de deuers Orient, font au troifiefme rang, ont de hauteur 3.
Mef. 8. Part. entre lefquelles font deux Bras egaulx, qui fe meuuent fur deux Piuots en iceux fichés: lefquels Piuots font loing de la Bafe 2. Mef. 12. Part. Apres
des bous Orientaux de ces Bras pendent les Sçies; defquelles la partie, où les dicts
Bras fe tiennent y a libre mouuement ; & puis elles font tenues à raifon dans vn
trou quarré, loing de leur dernier bout Septentrional 1. Mef. 12. Part. Le refte appartient au mouuement, & doit eftre diligemmēt confideré. En Occident font
deux Roüës, l'vne defquelles apparoit, en ayant vne autre femblable, qu'on ne voit point. Or la façon de
leur Aiffieu eft la caufe du mouuement des Sçies haut & bas. Car au milieu il eft ployé comme vn manche
de broche ; & en cefte place font deux Barres de Fer, qu'arriuét iufques à l'extremité Occidentale des Bras
fouftenans les Sçies : tellement que par ces deux Barres de Fer font pouffés, & ramenés les deux dicts Bras
lors que les petites Roüës font par la main des hommes Ouuriers meuës, l'vn les pouffat de çà l'autre de là .
D'auantage on voit icy vne autre Roüe ; du Moyen de laquelle fortent xij. Rayons, qui font pouffés
par cefte petite Cheuille, apparant en la diéte Roüe mobile ; à fin que la Corde qui eft en fon Aiffieu deuidée, approche petit à petit vers les Sçies l'Arbre à Sçier ; en l'extremité Oriétale duquel fe tient le dernier
bout de la Corde, pour ce faire . Ce que falloit dire.

Addition.

LEs Sçies de ffus diétes ne pendent pas immediatement des deux Bras deuāt remarqués, comme il fem-
ble que noftre Interprete veuille dire ; mais elles en defcendent pendues par certains Anneaux de Fer
à vn Bois Rond, qui fe tient à vn autre quarré, dans lequel entrent les extremités des dicts deux Bras, à fin
que quand fe fera le mouuement, les Sçies tombent toufiours à Plomb. Ce qui n'aduiendroit pas, fi le Bois
où elles tiennent, n'eftoit comme i'ay dit. Car s'il eftoit fixe és Bras, les Sçies ne pourroynt pas tomber à
Plomb ; d'autant que le mouuement de leur fupport feroit Arculaire autour du Tour, qui feroit le Centre ; & le refte des Bras paffant, feroit le Diametre. Parquoy il faut, que par le mouuemēt, la piece, qui por-
teles Sç ies , fe recule & approche des Gemelles ; d'autāt que les Sçies ne doyuét pas s'approcher ny reculer à caufe qu'on fait approcher la poultre, ainfi qu'on a ia declaré. Finalement la Roüe garnie de douze Rayons, laquelle on voit, afa compagne toute femblable de l'autre cofté ; & font toutes deux en vn mefme
Axe, lequel eft fouftenu de deux pieds, qui fortent de l'Affemblage. Ce qui ne deuoit eftre omis, combien
que la Figure ne le puiffe monftrer.

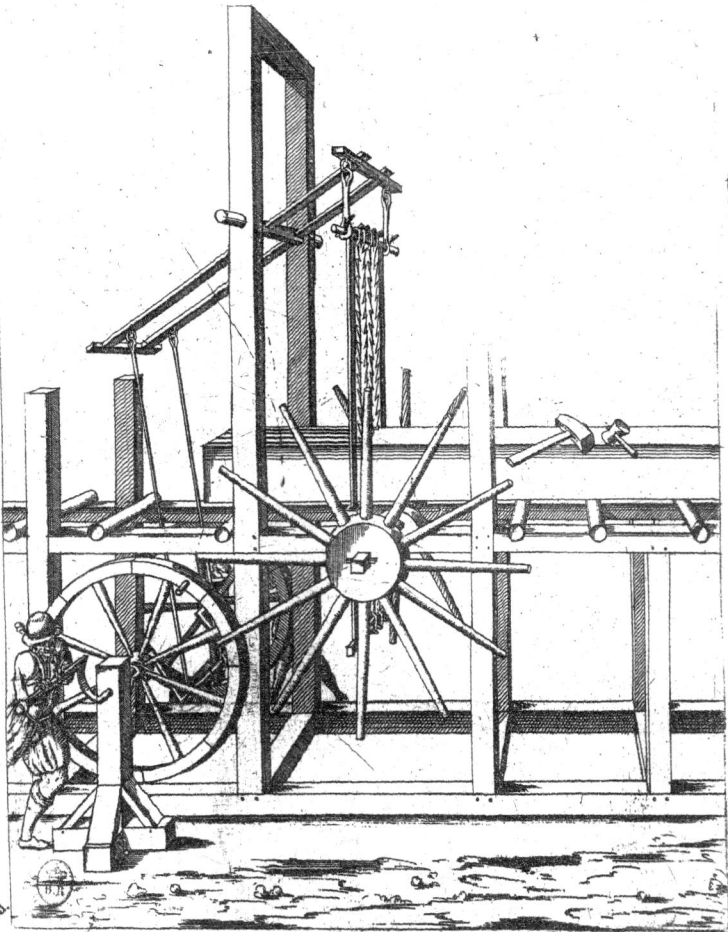

Figure Tresiesme.

LIGNE OCCIDENTALE.

LIGNE ORIENTALE.

Occid.
Ang. Midi.

Midi.
Ang. Orient.

LIGNE MERIDIONALE.

E

PROPOSITION DE L'AVTHEVR

SVR LA XIIII· FIGVRE·

AVTRE MACHINE NOVVELLE; LAQVELLE POSEE EN SEMBLABLE
LIEV, QVE LA PRECEDENTE, FAIT PAR L'OEVVRE D'VN SEVL
HOMME (EN TEMPS DE NECESSITE) LE MESME QVE LA DEVANT
DICTE AVEC DEVX, AINSI QVE SA DELINEATION, ET RAISON
MATHEMATIQVE LE MONSTRENT.

Declaration de la mesme Figure XIIII.

Este Machine est sortie de la precedente, à laquelle se r'assemble en la forme de la
base ; ayant aussi vne mesme vnique Roüe, garnye de Rayons, laquelle vn Ouurier
pousse auec le pied. Les autres parties sont siennes particulieres. Or en son milieu
apparoit vn Soustenement côposé de deux pieces de Bois, entre lesquelles les Sçies
sont haussées & baissées, tenues à raison en la Renure de l'vn & l'autre Bois. Puis
apres au bout Septentrional des dictes Sçies est vn Sautereau ; les extremités Septentrionales duquel sont attachées à deux Escrouës, tellemet constituées à l'entour
d'vne Vis Bipartie, que par vn mesme mouuement elles s'approchent de la moytié
d'icelle, & par vn autre s'en reculent. Lequel mouuement cause l'Ouurier, tirant
à soy la Corde, q ui est liée à ce Bras de Bois, fiché en l'Aissieu de la Vis vers Occident, de l'autre costé y estant vn Contrepoix. D'où vien toute la force du mouuement.

Addition.

L Aicy dessus remarquée Vis est dicte Bipartie, pource qu'estant poussée, elle s'en va depuis sa moitié
iusques à vn bout d'vn sens, & depuis la mesme moitié iusques à l'autre bout d'vn autre sens ; ainsi qu'on
a declaré, que font les deux Escrouës. Et ces Escrouës icy sont attachées aux pieds du Sautereau ; duquel la
teste se tient au bout Septentrional des Sçies ; à fin de les faire aller haut & bas par le moyen d'iceluy. Car les
deux Escrouës s'approchans, elles le serrent, & par ainsi il pousse les Sçies ; & se reculans vers les bouts, elles le
desployent ; & par ainsi il l'attire en haut les mesmes Sçies. Au reste, le Bras & la Balance, qu'on voit es deux
bouts de l'Axe de la Vis, sont tellement disposés, qu'vne ligne tirée de l'Axe au point, où tient le Bras, qui
fust parallel à la Balance, constitueroit vn angle droit : & ce à fin que quand l'Ouurier tirera le Bras, qui
est parallel à la terre ; la Balance, laquelle pend à Plomb, prenne branle. Ce qui ne se pourroit si bien faire,
si le dict Bras, & la Balance estoyent parallels. Quand au Bois Cheuillé, qui apparoit, il sert pour monster au
haut de la Machine.

Figure Quatorsiesme.

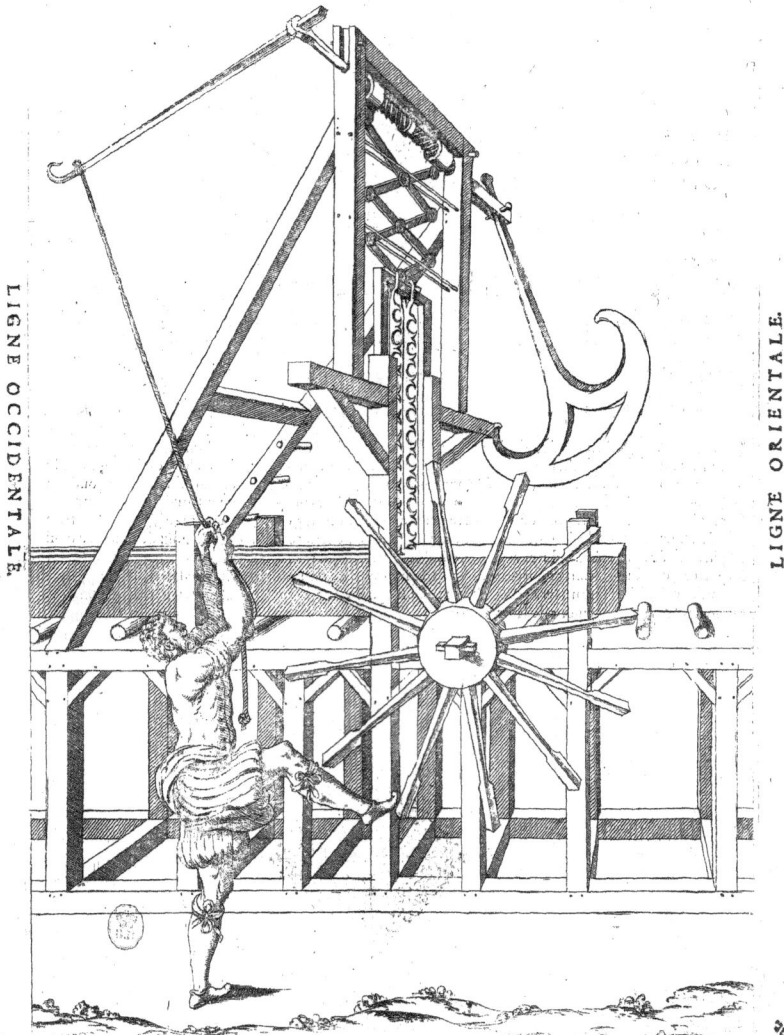

PROPOSITION DE L'AVTHEVR

SVR LA XV FIGVRE·

NOVVELLE FACON DE BROVETTE, LAQVELLE PAR L'OEVVRE
D'VN HOMME EN LIEV PLAIN, OV PENCHANT PEVT AVTANT
A TRANSPORTER FAIX ET FARDEAVX, QVE DEVX OV TROIS
POVRROYENT AVEC TOVTE AVTRE MACHINE ET INSTRVMENT.

Declaration de la mesme Figure   XV.

E qui nous est icy proposé, on le peut Comprendre par la Figure mesme : car les
deux grandes Roués esmues, apportent tresgrand soulagement; pource que leur
Diametre est bien plus grand, que le Diametre de la petite Roué Orientale : car
il est trois fois plus grãd. Mais le Peintre a icy mal posé le côducteur de la Brou-
ette, le visage tourné en arriere ; d'autant que la petite Roué doit aller deuant,
& luy auoir son visage droit vers elle; sinon qu'en descendant bas d'vne Soliue,
il se feroit ainsi viré pour sa commodité.

Addition.

LA proportion qui est gardée és charges, aide beaucoup à les porter ; principalement en cè, qui se porte sur le dos, & qui se charrie par terre. L'exemple en est euident és Hottes & charges de dos. Car le
porteur est soulagé beaucoup, quand le plus pesant est en deuant. Ce qui est gardé en ceste Brouëtte ;
ou le corps est tellement fait, que cecy s'y obserue. Outre cela, la proportion des Roués y fait beaucoup :
Car si elles sont egales, le poix est egal, & se tire tout d'vne venuë; qui apporte grãde difficulté au trai-
nemét : mais si celles de deuant sont plus petites, celles de derriere leur iettent le poix de maniere qu'il
est plus aisé de tirer. Aussi aduient-il que celles de derriere, qui sont grandes, faisans vn tour, font haster
les petites, qui sont deuant ; pource que la grande met plus de temps à tourner, que la petite . Quoy bien
entendu, ceste Machine ne sera point obscure. Ceste partie, qui est vers le Septentrion, est la Figure des
Brancarts & du soustenement de la Brouëtte.

Figure Quinsiesme.

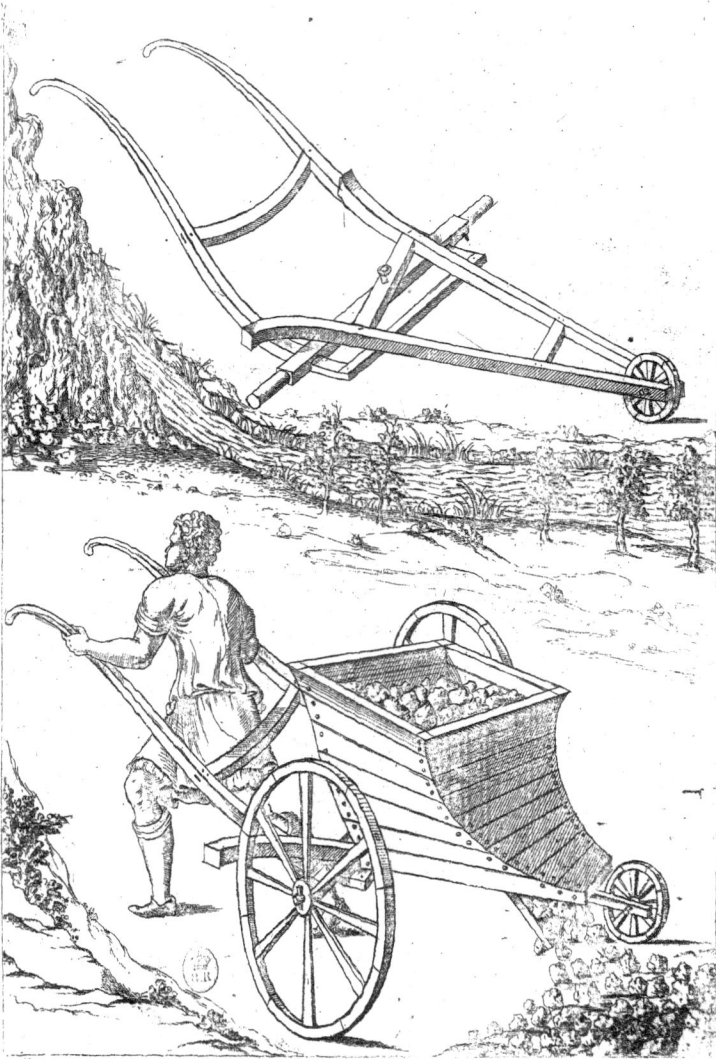

PROPOSITION DE L'AVTHEVR

SVR LA XVI. FIGVRE.

NOVVELLE FACON DE CHARIOT, PRINS DE LA BROVETTE PRE-
CEDENTE: SVR LEQVEL PAR LE TIRAGE D'VN SEVL CHEVAL,
ON TRANSPORTE QVASI AVTANT DE CHARGE QVE SVR LES CHA
RIOTS VVLGAIRES DE DEVX CHEVAVX ON A ACCOVSTVME DE
TRANSPORTER.

Declaration de la mefme Figure XVI.

VNE mefme propofition ont les Roüés de ce Chariot entre elles que celles de la Brouëtte deffusdite : laquelle eftant entendue, la raifon du prefent Chariot fera claire : car il y a feulement trois Roüës, deux grádes de derriere, & dudeuant vne petite.

Addition.

ENtre cefte Inuention, & la precedente il y a feulement de difference que par icelle nous eft propofeé vne Brouëtte, & par cefte cy nous eft mis en auant vn Chariot.

Seprent.
Ang.
Occid.

Ant.
Orient.
Septent.

LIGNE OCCIDENTALE.

Figure Seiĩefme.

LIGNE ORIENTALE.

Occid
Ang.
Midi.

Midi.
Ang. Orient.

PROPOSITION DE L'AVTHEVR

SVR LA XVII. FIGVRE.

FORME NOVVELLE D'VN CHARIOT ROYAL, LEQVEL EST VRAYE-
MENT VN PEV PLVS AMPLE, QVE LES COMMVNS, MAIS BEAV-
COVP PLVS COMMODE: CAR EN LIEV MESMES INEGAL IL EST
DE SON PROPRE POIX BALANCE, ET VA SI A L'AISE QV'VNE
NACELLE EN EAV TRANQVILLE; DONT SA LITIERE NE PEVT
EN AVCVNE MANIÉRE RENVERSER, NY POVR CE INCOMMODER
AVCVN DE CEVX QVI Y VONT DEDANS.

Declaration de la mesme Figure XVII.

EUx qui ont quelque peu d'inteligence de la Phisique, sçauent assés, qu'il y a deux
milieux quasi en toutes choses; l'vn distant egalement des extremités lequel on
trouue auec le Compas; l'autre ou plus pres ou plus loing d'icelles, lequel on dicet
ne auec le poix: ce qui est icy obserué, comme par les choses suyuantes tu entendras. Ceste Piece, laquelle estant peinte de part, occupe ceste place vuide, qui est
vers l'Angle d'Occident & de Septentrion, se móstre en ce nostre Chariot en deux
endroits: à sçauoir en la parrie deuant, & derriere d'iceluy; où se voyent ces corps
de vierges à pieds de serpens, qui se ioignent par le front. Or la Lictiere a lieu entre
ces deux Pieces dautant qu'elles se tiennét à Piuot sur les deux Aissieux des Roués.
Apres, au milieu de celles Pieces il y a vne Boulle, dont la moindre partie tant seulement se monstre; & en
leurs trous se mettent les Piuots de la Lictiere. Car icelle est balancée & appuyée sur des Piuots, comme
le monde sur les Poles: de façon que si les Roués mesmes se rompét, la Lictiere n'en portera aucun mal. En
quoy gist la principale subtilité de ceste Inuention. Touchát les choses qui appartiennent au mouuement
pource que la proposition de ses Roués est la mesme que celle des Vulgaires, elles na'pparoissent, & ie les
ignore encores.

Addition.

SI faut il neantmonis, que les Roués soyent basses, de sorte qu'elles n'atouchent point le corps de la Lictie
re; & aussi bien fortes & puissantes, pour soustenir le faix. Les susdictes deux Pieces, desquelles le pourtraict on voit à part, ainsi qu'on a declaré; ne s'appuyent pas simplement sur les Aissieux des Roués, mais
elles se reposent sur deux Aix larges, qui touchent les dits Aissieux; & si tiennent elles à Piuot, comme dit
a esté, à fin qu'elles se puissent mouuoir & tourner facilement. Et pour la fin, les Piuots, sur lesquels la Lictiere est pendue & balácée, sont deux; vn par chascun bout, longs, gros, forts tous de Fer, & egalement
distans du haut, du bas, & des costés d'icelle. En laquelle egale distance, iustement prin st le principal.

se, gi

LIGNE SEPTENTRIONALE.

Sepen.
Ang.
Occid.

Orient.
Ang.
Septen.

LIGNE ORIENTALE.

Figure Dixſeptieſme.
LIGNE OCCIDENTALE.

LIGNE MERIDIONALE.

Occid.
Ang.
Midi.

Midi.
Ang.
Orient.

F

PROPOSITION DE L'AVTHEVR

SVR LA XVIII FIGVRE.

NOVVELLE SORTE DE VAISSEAV, DANS LEQVEL ON PEVST POR-
TER DES LIQVEVRS, TELLEMENT QVE MESMES AVX PLVS GRANDES
CHALEVRS ELLES NE SE POVRRONT ESCHAVFFER, COMME S'ES-
CHAVFFENT ES VAISSEAVX VVLGAIRES.

Declaration de la mesme Figure XVIII.

D'Auenture qu'en declarant ce Vaisseau, l'approcheray le propre sens de l'Autheur. Premierement le presentent icy deuant nos yeux deux Vaisseaux, l'vn en Orient, l'autre en Occident, qui sont chacun le Vaisseau parfait, & vne seule & mesme chose : mais le reste sont ses parties. Or de ces parties, celle qui est vers le Septentrion, se ioinct a celle qui est vers le Midi, pour parfaire le Vaisseau tout complet, dans lequel se met, ce qui se voit entre deux, qui est vn sac de Cuir bouilli, & vn Tuyau de Fer entortillé. Or la matiere de ce Tuyau est des lames, qu'on dit de Fer blanc, pour lequel blanchir il faut du vif argent, qui a propriété de raffraichir, Et en ce Tuyau on met les liqueurs, qui estans couuertes du dict Sac, & puis du Vaisseau, ne peuuent sentir chaleur aucune.

Addition.

LA raison de ce Vaisseau gist plus en Phisique, qu'en Mechanique. La Signole qui est en ceste partie, qui regarde le Midi, sert pour entortiller, & restraindre le Tuyau, le tirant & assemblât dans le Vaisseau par le moyen de la Corde qu'on voit. Et faut entendre, qu'on en tire la liqueur par le mesme endroit, qu'on la met, y estant vn Robinet coudé, a fin qu'il ait la bouche si bas, que le Tuyau se baisse : car autrement toute la liqueur ne sortiroit pas du Vaisseau quand on la voudroit auoir.

Figure Dixhuictiesme.

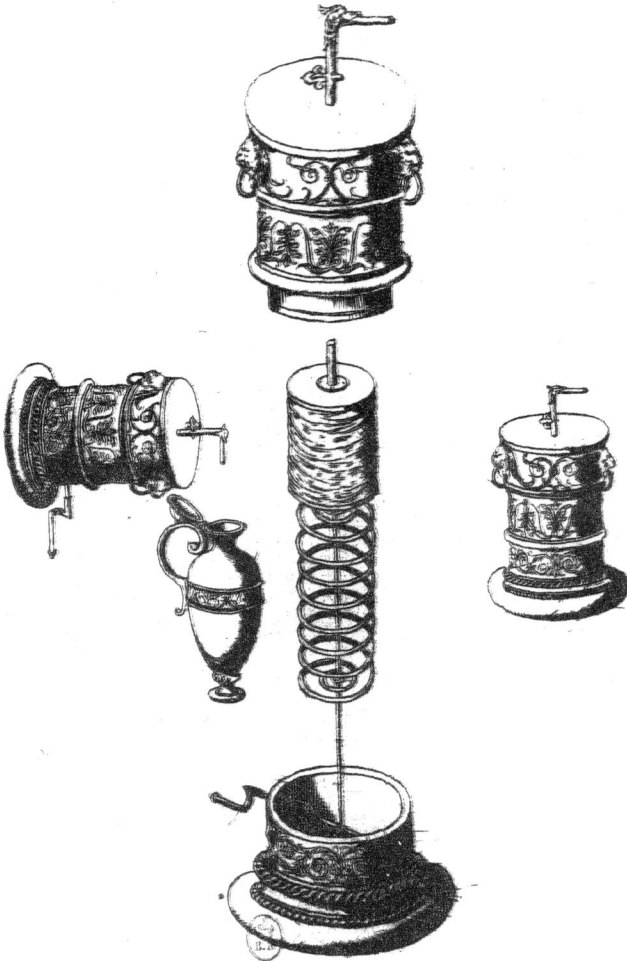

F. 2.

PROPOSITION DE L'AVTHEVR

SVR LA XIX FIGVRE.

AVTRE FORME DE VAISSEAV, DE MESME VSAGE QVASI QVE LE
PRECEDENT; MAIS AYANT ENCOR CECY DE SINGVLIER, QVE S'IL
TEPLAISTIL SE PEVT REMPLIR DE PLVSIEVRS DIVERSES LI-
QVEVRS PAR LE MESME PERTVIS QV'ON LE VVIDE; ET SANS
QV'ELLES SE MESLENT ENSEMBLE AVCVNEMENT.

Declaration de la mesme Figure XIX.

E Vaisseau se remplit par vn pertuis; à sçauoir par vne seule Bôde; & par vn autre, à sçauoir par vn seul Canal, il s'euacuë. Ie declareray dôc ceste façon de le remplir, & de le vuider. Premieremét il y a vn Canon où sont trois Robinets ployés a coude; dont chascun arriue & entre dans vne partie du Vaisseau, qui est vers Septen-
trion. Or les parties d'iceluy sont trois; l'vne du coste d'Oriét, où (par exemple)
nous emboucherons du vin; l'autre du costé d'Occident, où nous mettrons de
l'Huile; & la troisiesme en l'entredeux, où nous verserons de l'eau. Lesquelles liqueurs i'y mettray separémént, mettant l'Entonnoir dans les susdicts Robinets
l'vn apres l'autre; & pour les en tirer, ie me bastiray vn Canal de la forme du dit
Canon; tellement que quand ie voudray, i'en tireray d'vn; & quand me plaira, de deux ou de trois, ou
bien de tous. Le diligent Ouurier iugera, que ce sont choses faciles.

Addition.

NOstre Interprete a de vray assés declaré, par quel moyen & quelles pieces le deuant expliqué Vaisseau se peut remplir par son trou de dessus, qui est loing de la ligne Septentrionale 1. Mes. 11. Part.. &
de l'Occidétale 1. Mes. 2 Part. & puis apres le vuider par le trou de dessous, qui est loing de la ligne d'O-
rient 1. Mes. 2. Part. & de celle de Midi 3. Mes. 5. Part. mais il n'a rien dit comment ce Vaisseau se doit
remplir par le mesme trou, par où on le vuide; ainsi que l'Autheur assés clairement le nous propose. Or il
sera icy dict. Mais il faut premierement entendre, que ce Vaisseau nous est tout entier & parfait depeint
vers Midi, pres la ligne d'Occident; dans lequel se voit vers Septentrion, qui est diuisé en trois parties; combien qu'il se puisse diuiser en tant qu'on voudra. Son trou donc de dessous composé & faict; pour l'emplir, le faudra leuer sur son costé Parallel à la ligne d'Occident; tout ainsi que pour
le vuider, il le faudra laisser comme il est. Et ce trou se compose ainsi. On fait venir de chascune, des trois
dictes parties du Vaisseau vn Tuyau, qui se rend en ceste Piece ronde, qu'on voit en son bas du costé d'O-
riét; dans laquelle estant, il se plove & coude deux fois; & puis viét finir au deuăt, dans vn canal où tous les
trois Tuyaux arriuent & prénét fin ensemble; lequel canal aussi se desborde euuirô deux doigts outre les
trous d'iceux Tuyaux, à fin qu'en iceluy se tienne vn Bois, qui les bouche tous, par le moyé de trois fossets
ou Cheuilles, qui entrêt és trois trous, que le dit Bois a respôdans du tout aux trois bouts des trois Tuyaux.
De maniere que quăd on y veut mettre d'vne liqueur, il ne faut qu'oster la cheuille du Tuyau, qui luy com
mode; & y mettant l'Antonnoir, verser sa liqueur tout bellement; & ainsi faire en tous. Le mesme moyen
doit-on tenir (hormis que d'éployer l'Antônoir) lors qu'on voudra auoir du dict Vaisseau l'vne, ou toutes
les liqueurs, qui seront en ostăt la Cheuille qu'il luy plaira : estant ce neantmoins le dict vaisseau couché
de flanc, ainsi qu'il doit estre pour ce faire.

Figure Dixneufiesme.

PROPOSITION DE L'AVTHEVR

SVR LA XX. FIGVRE.

NOVVELLE SORTE DE MACHINE, POVR ROVLER ET DESPLACER
DES PIERRES ASSES GRANDES TOMBEES DANS L'EAV, A FIN
QV'APRES AV MESME LIEV ON Y PVISSE PLANTER DES PAVX
POVR Y REFAIRE VNE MVRAILLE, OV EN BASTIR VNE NOVVELLE
OV BIEN VN PORT OV PONT.

Declaration dela mesme Figure XX.

O N nous met icy deuant les yeux vne Nasselle, portant vne Machine. De laquelle la partye principale est ceste grand Perche, longue 2. Mes. 16 . Part. qui a libre mouuement entre ces deux Soliueaux Parallels, qui sont au bout Septentrional de la Nacelle ; les trous qui paroissent en la mesme Perche seruas à statuir cõme il faut la Louë, laquelle est de la Septétrionale extremité d'icelle 2. Mes. loing. Mais en ceste Louë le Peintre a failli, d'autant qu'il luy deuoit faire la Teste mobile, & non point Cheuilleé en la dicte Perche, De laquelle aussi en l'extremité Meridio nale est vn Fer, qui est fait comme le bout de la houlette d'vn Bergers lequel Fer touchant la pierre à desplacer, on pousse la Nasselle, y adioustát la Louë (mais tou tesfois mobile de sa teste) tellement que la pierre en est roulée. Les Gasches de la Nasselle sont ainsi faictes, comme on voit à fin que icelle en soit mieux retenue. Le demeurant est facile.

Addition.

L A Louë dessus dicte doit auoir sa Teste non point fixe en la Perche (ainsi qu'on a expliqué) mais mo-bile, & tournoyante à Piuot sur icelle, à fin que venant à tourner, cela se face libremèt: car autrement ses Pieds fiichés en terre au dessous de l'eau, empescheroyent le mouuement; qui est le plus necessaire en ceste Machine. Or estans toutes les parties d'icelles ainsi constituées, comme ont esté ia declarées, la Pier re à mouuoir s'approche & ioinct au Fer fait à bout de houlette de Pasteur (qui d'auanture seroit mieux faict en forme de Cuillier) à force de le pousser contre la Nasselle: laquelle Pierre sera bien pesante, si le bout de la grand Perche ne l'emporte auec vn peu d'aide. Cela fait on tourne la Nasselle, qui par le mo-yen de la tournoyante Teste de la Louë, fait tourner la Perche, desia sousleuée par les Cordes, qui sont en sa partie vers Septentrion: & à ceste façon on met puis la pierre la où on veust: les Gasches de la Nasselle, qu'on voit pédre en l'eau, sont faictes à trois poinctes, & sont retenues par le petit Bois, qui les croise vers les poinctes, à fin de iamais ne reculer, mais d'approcher tousiours.

LIGNE MÉRIDIONALE.

Midi.
Ang.
Orient

Ang.
Occid.
Midi.

LIGNE ORIENTALE.

LIGNE OCCIDENTALE.

Figure Vingtiesme.

Orient.
Ang.
Septen.

Septen.
Ang.
Occid.

LIGNE SEPTENTRIONALE.

PROPOSITION DE L'AVTHEVR

SVR LA XXI FIGVRE

ARTIFICE NOVVEAV POVR EFFACER TOVT IMMVNDICE ET
MESLINGE DE PIERRES, HERBES ET AVTRES SEMBLABLES EM-
PESCHEMENS D'VN PORT, OV ESTANG LA DE LONG TEMPS LAIS-
SE INVTILE.

Declaration de la mesme Figure XXI.

Ainſi en Midi que Septentrion il y a vi Tour, & a leurs Cordes eſt attaché vn
Plancher ſouſtenu ſur quatre Tonneaux, ſur lequel plancher eſt auſſi vn Tour,
qui tire de ſa corde vne Machine de fer dentée, dont elle arrache les immundices. Or toute la ſubtilité de ceſte Machine eſt la continuation & ménagement du
Plancher. Le tout eſt clair par la Figure.

Addition.

LES deux Tours deuant dicts, qui ſont en terre, ſeruent non ſeulement pour
tirer en l'eau, & retirer vers ſoi la Machine; mais auſſi pour la tenir ſouſte-
nuë deſſus les eaux : en quoy giſt vrayement la force & ſubtilité principale de ceſte invention. Outre cela,
les pens de Fer ſont faicts, comme ceux d'vn Rateau, mais courbés, & proués en dedans, afin de mieux arra-
cher & emporter les Pierres, & immundices.

LIGNE SEPTENTRIONALE.

Ang. Septent. Occid.

Ang. Septent. Orient.

Figure Vingtvniéme.

LIGNE OCCIDENTALE

LIGNE ORIENTALE

Ang. Occid. Midi.

Ang. Orient. Midi.

LIGNE MERIDIONALE.

G.

PROPOSITION DE L'AVTHEVR

SVR LA XXII. FIGVRE.

MANIERE NOVVELLE DE PLANTER DROITEMENT DANS L'EAV
DES PAVX (QVELQVES GRANS QV'ILS SOYENT) POVR SOVSTENIR
FERMEMENT TOVTES PESANTEVRS; SOIT QV'ON Y VEVILLE FON-
DER DESSVS VN PONT, OV CHASTEAV; SOIT QV'ON ENTENDE DE
DESTOVRNER LA MER D'VN LIEV, POVR Y DRESSER COMMODE-
MENT VN PORT.

Declaration de la mesme Figure XXII.

Este sorte de Machine depent de la fermeté de la Vis. Elle est donc toute portée, sur vn Batteau, & est faicte en forme de Triangle Scalene Rectangle: dont la base tend de Midi en Septentrion; la partie perpendiculaire, d'Oriét en Occident; & la tierce, de l'Angle d'Occidét & de Midi en l'Angle d'Orient & de Septentrion; le tout fermement ioinct auec des Cloux. Or en ceste derniere partie, se voyent deux Vis, aux Escrouës desquelles sont liées des Cordes (estans ce neantmoins ces Escrouës tenuës à raison dans les Renures, qui sontés pieces de Bois) lesquelles puis apres sont attachées aux Moutons deuers Midi, à fin de les leuer en haut. Et le mouuement, en somme, par le moyé des Rouës est ainsi constitué, que quand l'vne Escrouë approche l'autre se retire. Le demeurant est manifesté par les lineamens de la Figure.

Addition.

L'Expliquée Machine tant toute assemblée, qu'en ses trois parties, est ainsi faicte par plusieurs raisons. Premierement à fin qu'elle soit plus portatiue: car vn Triangle tient moins de place qu'vn Quarré, où Figure de quatre costés ou de plusieurs. Outre plus, elle est en Scalene Rectangle: en Scalene, à fin que la perpédiculaire estant aussi gráde que la base, elle ne face pécher l'Angle droit en bas; & à fin encores, qu'il ne faille pas tant de poix pour la retenir: Rectangle, à fin que les Moutós puissent choir à Plomb, pour enfoncer les Paux comme il est besoing. Quand au reste de son assemblage, la Perpendiculaire est faicte de quatre pieces de Bois; dôt les deux des extremités ont des Renures, à fin que les Moutós puissent couler aiseémét entredeux. La seconde partie, qui est la plus lógue, & entédue sur l'Angle droit est composée de deux espaces; dont en l'vn (qui est vers Septentrion) demeure l'Ouurier; & en l'autre (sans ce qu'on peut receuillir de la Figure) il y a deux Vis; aux bouts desquelles & à chascune y a vne Rouë dentée à dents de Pigne; lesquelles sont menées par vne plus gráde dentée de mesme. Que si cela ne suffit, pour tirer le faix des Mouton s'il faut adiouster dans l'Axe de la signole qui maine la Rouë, la Vis sans fin. L'ouurier qu'on voit vers Midi, s'employe à attacher les Moutons, & puis à les faire reschápper.

LIGNE SEPTENTRIONALE.

Ang. Septen. Occid.

Ang. Orient. Septen.

Figure Vingdeuxiesme.

LIGNE OCCIDENTALE.

LIGNE ORIENTALE.

Occid. Ang. Midi.

Midi. Ang. Orient.

LIGNE MERIDIONALE.

G. 2.

PROPOSITION DE L'AVTHEVR

SVR LA XXIII. FIGVRE.

NOVVEAV BASTIMENT DE MACHINE, QVI N'EST PAS VVLGAIRE
POVR PLANTER OBLIQVEMENT DES PAVX EN L'EAV; AFIN QVE
LES PAVX PRECEDENS, DROITEMENT FICHES, AYENT PLVS DE
FORCE A SOVTENIR CE, QV'ON VOVDRA Y FABRIQVER DESSVS.

Declaration de la mesme Figure XXIII.

IE ne pense pas, qu'il me faille icy dire beaucoup de choses; d'autant que la Figure se declare de soy mesme; laquelle monstre assés ceste Machine estre de composition quasi vulgaire. Elle est seulement diuerse des autres en la Perche qui soustiét le Mouton, laquelle est mise de trauers, & certes, sa commodité n'est pas petite, veu que de semblables souuentes fois sont bien requises.

Addition.

LA nouueauté, que est la seule & plus gráde chose, qui ceste Machine ait en soy, gist en la Perche, qui soustient le Mouton. Sur quoy voyez le troisiesme liure de Vegece, d'où nostre autheur l'a prinse.

Figure Vingtroifiefme.

PROPOSITION DE L'AVTHEVR

SVR LA XXIIII. FIGVRE.

FAÇON NOVVELLE, DONT LES PAVX PLANTES PAR LES DEVX
MACHINES PRECEDENTES, SONT DE TOVTES PARS LIES ENSEM-
BLE, A PERPETVELLE FIRMITE DES EDIFICES, QV'ON Y VOV-
DRA BASTIR DESSVS.

Declaration de la mesme Figure XXIIII.

Ar les deux Machines precedentes l'Autheur nous a monstré la maniere de planter les Paux : c'est à sçauoir, par la premiere, Perpendiculairement ; & oblique-
ment par la seconde. A present il nous propose en peinture icy la forme de l'ouurage parfaict & acheué, afin qu'en ayant entendu la façon, on ne trouue les choses deuant dictes, estre inutiles.

Addition.

LE tout est icy tellement clair & ouuert, que toute Addition seroit superflue.

Figure Vingtquatriefme.

PROPOSITION DE L'AVTHEVR

SVR LA XXV. FIGVRE.

NOVVELLE COMPOSITION DE MOVLIN A BRAS, POVR FOVLER LES DRAPS, ET BROYER LE PAPIER, POVLVERISER LES ESPICERIES, ET BRISER LES CAILLOVS FARCIS DE METAVX, A FIN DE LES RENDRE PLVS FACILES; ET POVR POLIR ET AIGVISER TOVS INSTRVMENS DE FER, EN DEPLACANT LES BASSECVLES, ET LES PILONS.

Declaration de la mesme Figure XXV.

A force de ce mouuement procede de la grande Rouë, & des petites, qui la mouuent; l'vn des Ouuriers les pouffant par haut, & l'autre par le bas. On pourra entendre le refte par les machines Vulgaires de la pouldre à Canon. Mais toutteffois tu noteras bien ce qui appartient à l'execution des Pillons.

Addition.

EN premier lieu, à fin que la raifon de cefte Machine foit mieux entendue, le Lecteur fe poutra icy feruir de tout ce, que par addition a efté dit fur la xij. Figure. Or en l'Aiffieu des Rouës il y a quatre Cheuilles, d'autât qu'il y a quatre Pillons; lefquelles Cheuilles font ainfi difpofées, comme fi l'Aiffieu eftoit à quatre pans, & que de chafcun fortit Vne Cheuille. Et cecy eft faict, afin qu'auec l'vtilité l'Oreille ne foit point fafchée d'ouyr vn bruit difcordant. Ce qu'Obferuent mefmes les batteurs en grange, cóbien qu'ils foyent ruftiques, & auffi les Marefchaux; tant à fin que la Symphonie foit agreable, que à fin que la concurrance ne les empefche de frapper, laquelle en ceft endroit nuiroit beaucoup. Car fi deux Pillons venoient à eftre leués enfemble, la force s'en admoindriroit; & s'ils ne ftoient leués par mefure egale, la mefme force ne feroit pas en les leuant aux vns, comme aux autres : car iceluy qui attendroit plus à eftre leué, tomberoit plus violentement que l'autre qui n'y mettroit pas tant de temps. Au demeurant les fufdictes Cheuilles en attrappent d'autres; qui font en autant de pieces de bois; qui ont libres mouuement fur vn petit Axe, & font faicts en fourche par le bout; où elles empoignent les Pillós, aufquels elles font attachées auec vne Cheuille; ayant cependát libre mouuement. Lefquelles chofes ainfi difpofées & ordonnées & le mouuement eftant donné, comme la Figure le monftre; la Machine fera tout ce, à quoy elle eft preparée.

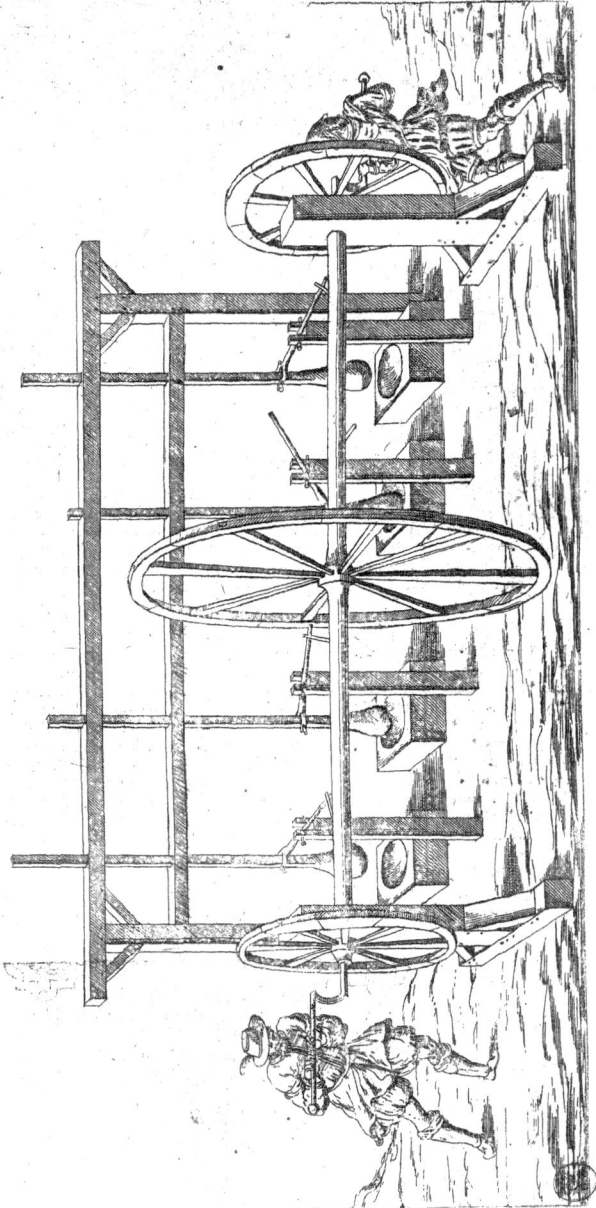

LIGNE SEPTENTRIONALE.

LIGNE ORIENTALE

LIGNE MERIDIONALE.

LIGNE OCCIDENTALE

Figure Vingtcinquiesme,

Septent. Ang. Occid.

Orient. Ang. Septent.

Occid. Ang. Midi.

Midi. Ang. Orient.

PROPOSITION DE L'AVTHEVR

SVR LA XXVI· FIGVRE·

AVTRE NOVVELLE FORME DE MOVLIN, PAR LAQVELLE AVEC
PEV D'HOMMES ON POVRRA MOVLDRE QVASI AVTANT DE BLED
QVE PAR DEVX AVTRES MOVLINS, SOYENT A VENT, OV A EAV,
ON SCAVROIT FAIRE.

Declaration de la mesme Figure   XXVI.

A notice de ce faict gist en demonstration de la chose. Parquoy à fin de te mettre les parties deuant les yeux, tu dois premierement entendre, que la force du mouuement procede de icy de la motion de ceste grande Roüe; laquelle estant aidée des autres, elle peut beaucoup au profit & auancemét de la Machine. Donques en vn mesme plan sont icy l'Assemblage du Moulin, & vn Tour ioignant la ligne de Midi, duquel sont icy les parties: a sçauoir deux Roües, auec vn Baffrillet au milieu, qui est enuironné d'vne Chaine, laquelle enuirône aussi tout à lentout la grande Roüe en la façô qu'en nos pays sôt les Cordes aux Rouets des femmes. Dauantage és extremités de l'Axe de ceste Roüe gráde il y en a deux plus petites, l'vne vers Orient, l'autre vers Occident, auec leurs Signoles, comme les deuant dictes: lesquelles Roües toutes ensemble font vne esmotion si vehemente, qu'vne plus grande n'en sçauroit estre. Les autres choses qui appartiennent au dict mouuement, sont ainsi qu'es vulgaires & communs Moulins; dont ceux qui les auront veuës, pourront facilement entendre cestes cy.

Addition.

MAis veritablement ces choses, que nostre Interprete laisse de dire, ne sôt point indignes d'estre, aussi bien declarées, tant pour plus grand contentement du Lecteur, que mesmes pource, qu'elles ont quelques particularités de plus, qu'aux communs Moulins on ne voit estre. Au grand Axe donc de la grande Roüe il y a deux Roües dentées, desquelles l'vne a son milieu loing d'Oriét 1. Mes. 6. Part. & l'autre d'Occident 1. Mes. 3. Part. & demie, fixes en iceluy, & faisans tourner les Pignons és Arbres, au bout desquels sont attachées les Meules, qui tournent comme eux. Lesquels Arbres ont aussi vers Midi des Piuots, tournans sur des pieds, qui sont loing l'vn de la ligne d'Orient 1. Mes. & l'autre de la ligne d'Occident vne Mes. aussi. Et sont les dits Pieds faicts en Treteaux, à fin que l'Axe passe par dessous les pieces dessus. Cela ainsi faict & entendu, le mouuement sera aisé à comprendre, qui se faict par le moyen de la Chaine, par l'Interprete desia expliquée; & du vitement des Roües, par la force des Ouuriers poussées & tournées.

Figure Vingsixiesme.

LIGNE OCCIDENTALE.

LIGNE ORIENTVLE.

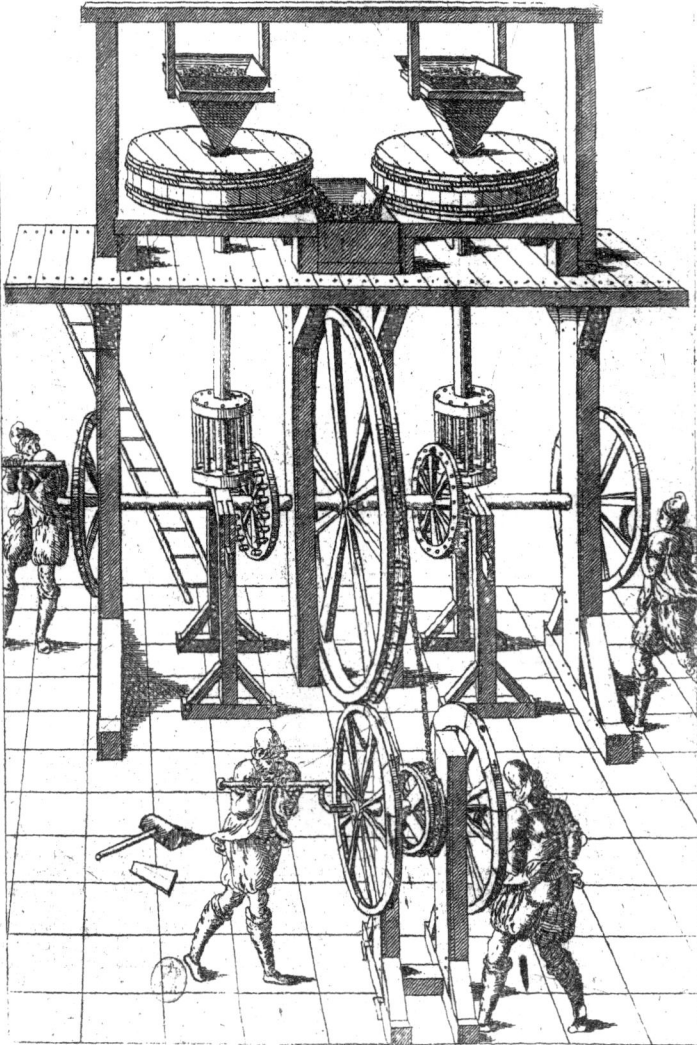

LIGNE MERIDIONALE

H.i.

PROPOSITION DE L'AVTHEVR

SVR LA XXVII. FIGVRE.

NOVVELLE FACON DE MOVLDRE PAR LAQVELLE MOYENNANT
L'OEVVRE DE DEVX HOMMES, SANS FORCE NY DE VENT NY
D'EAV, ON REND AVTANT DE FARINE DE FROMENT, QV'VN MOVLIN
BIEN POSE ET ABONDANT D'AV, OV DE VENT, PVISSE RENDRE.

Declaration de la mesme Figure XXVII.

Out ce qu'appartient à la Figure de la presente Machine, nous est à mō aduis clairement icy mis deuant les yeux : toutesfois il me plaist encor de l'expliquer. Or le mouuemēt ainsi que souuent nous auons ià dit en des autres Figures, procede icy de la grande Rouë, qui y est : laquelle est celle, qui par beaucoup de Rayons, tēdans en Pyramide, se ioinct à son Moyeu vers le Septentrion. Et quand à la Vis qui y apparoit, tu noteras, qu'elle sert à leuer haut, ou baisser la Meule ; à laquelle elle est fixe & posée en lieu de Piuot ; à fin qu'estant ainsi mise dans le centre du Moyeu, la deuant dicte Rouë se puisse librement virer tout à lentour. Finalemēt toute ceste, tournoyāte Machine consiste en trois parties ; en la moindre desquelles apparoissent de petis Rayons, qui sont poussés par deux petites Branches en forme de Croix, & on les voit en l'Axe des susdictes Rouës : lesquelles sont l'vne en Orient, l'autre en Occident ; & l'vne loing de l'autre 1. Mes. 15. Part. Le reste est euident.

Addition.

QVoy que nostre Interprete nous die de la clairté & euidence de ceste Machine ; & ce neantmoins de la vouloir expliquer ; si est-ce qu'elle n'est pas du tout si facile à entendre ; & il ne l'a point (sauf son honneur & grace) à plain bien declarée. Premierement donques on voit icy trois doubles Soliues Parallele à la ligne de Midi : dont les premieres en sont loing 23. Part. les secondes 1. Mes. 16. Part. les troisiesmes 3. Mes. 9. Part. Sur ces dernieres est appuyé le corps du Moulin, & de celles viennēt deux Pieces de Bois longues 14. Part. l'vne loing de la ligne d'Orient 19. Part. & l'autre de la ligne d'Occidēt 1. Mes. 10. Part. Puis apres, vers leur bas, qui regarde le Midi, est vn Axe Parallel à la ligne d'iceluy Midi, au bout Oriētal duquel est vne Rouë loing de la ligne d'Orient 13. Part. cōme aussi bien au bout Occidental vne autre semblable loing de la ligne d'Occident 1. Mes. 2. Part. Lesquelles deux Rouës sont egales & Paralleles, & sont menées comme les deuant dictes aux autres Machines, & sont les premieres la cause du mouuement. Dautre part, au milieu de l'Axe (lequel milieu est loing de la ligne d'Orient 13. Part.) sont deux petis Bois, courbés par les deux bouts ; lesquels s'entrecroisent, & croisent aussi à Angles droicts le dict Aissieu. Outre plus des mesmes doubles Soliues loing de la ligne d'Occidēt 1. Mes. 15. Part. paroit vne Piece quarrée Fixe en icelles ; au milieu de laquelle est vn Axe , qui tient à la Meule, lequel tournant, la fait tourner, & finit loing de la ligne de Midi 2. Mes. 17. Part. & d'Occident 1. Mes. 15. Part. Au dessus de ce point, qui est sa fin, enuiron 2. Mes. est le Moyeu d'vn Assemblage de Rouës faict en Cone ou Pyramide rōde, duquel la base se ioinct quasi aux secondes doubles Soliues : & est ceste base la grande Rouë, qui est cause de la force du mouuement outre laquelle il y en a deux autres petites ioinctes à celle par Rayons ; lesquelles en fin se viennēt rendre aux susdict Moyeu ; les Rouës s'appetissāt selō la nature du Cone. Et ce Moyeu là auec tout l'Axe, que nous auōs dict, est soustenu par le bout de ceste Vis apparente, qui entre dans le bout du Moyeu, comme vn Piuot en son trou, de la façon qu'on peut voir és Deuidoirs, dont les femmes vsent à deuider leur fil : & par ainsi elle est faicte pour supporter le faix de la Meule ; & pour la leuer, ou baisser, selon que requis sera. Au demeurant il faut aussi aduiser , qu'en la plus Petite des Rouës sont des Escouteaux , lesquels estās menés par le moyen des Rouës Paralleles, sont rencontrés des bastons en croix ; de sorte que peu à peu en prend branle ladicte grande Rouë qui puis apres en est aidée , & ainsi virée tout à l'entour. l'Escalier c'est pour monter, & la barre de Fer pour appuyer celuy qui porte le bled haut à la Meule.

Septent.
Ang.
Occid.

Ang.
Septent.
Orient.

Figure Vingtseptiesme.

LIGNE OCCIDENTALE.

LIGNE ORIENTALE.

Occid.
Ang. Midi.

Midi.
A l'Orient.

LIGNE MERIDIONALE.

PROPOSITION DE L'AVTHEVR

SVR LA XXVIII. FIGVRE.

NOVVELLE MANIERE DE FAIRE VN MOVLIN A EAV, QVI PVISSE
ESTRE EN VSAGE A PLVSIEVRS, NONOBSTANT QV'IL Y AIT MOINS
D'EAV QVE AVX COMMVNS MOVLINS EST NECESSAIRE; POVR-
VEV QV'ELLE TOMBE D'VN LIEV VN PEV PENCHANT.

Declaration de la mesme Figure XXVIII.

Este façon de Moulin est (comme ie pense) bien à plusieurs nouuelle, mais non
pas à tous ; d'autant qu'en beaucoup de lieux elle n'est point requise . Toutesfois
tant à Tolose , qu'ailleurs il en y a assés. Or sa tournoyante Roüe, qui est vers le
Midi, & parallele à la Meule; reçoit icy l'eau du costé d'Orient ; mais il n'emporte rien de quel flanc elle la reçoiue. Et la cōmodité de ceste Machine est, que
elle se peust bastir à peu de despence, pource que les Pignons n'y entrent pas. Les
autres choses apparoissent de la figure mesme.

Addition.

LA Meule de ce Moulin est en mesme Arbre que la Roüe; ce qu'on doit obseruer. Et combien que sa
façon tant à Tolose , qu'en autres lieux soit vulgaire, neantmoins nostre Autheur l'a enrichie de ce
que les ailes de la Roüe vont en rond. Elle a aussi bien ceste commodié, qu'il n'y faut pas tant d'eau, que
aux Moulins communs ; ainsi que mesme l'Autheur le nous propose.

Figure Vingthuictiesme.

LIGNE OCCIDENTALE.

LIGNE ORIENTALE.

Occid.
Ang. Midi.

Midi.
Ang. Orient.

LIGNE MERIDIONALE

PROPOSITION DE L'AVTHEVR

SVR LA XXIX. FIGVRE.

FORME NOVVELLE D'INSTRVMENT DE MVSIQVE, DVQVEL LES
CORDES ESTANS DE METAL, ET TOVCHEES DE L'ARCHET, ET
DES DOITS RENDENT VN SON DIVERS, ET FORT PLAISANT;
CAR ESTANT BIEN ACCORDE, LE SON EN EST QVASI SEMBLA-
BLE A CELVY DE LA LIRE ET DV CLAIRON.

Declaration de la mesme Figure XXIX.

VE le Lecteur sçache, que cest Instrument est imparfait; donc ie laisse de l'expliquer.

Addition.

CEst Instrumét ne demeure pas ainsi imparfaict, pour faute du Peintre ou du
graueur; mais pource que l'Autheur mesme (quoy que l'occasion en ait esté)
ne l'a point fourni. Lequel touteffois il a voulu icy mettre, à fin de monster, que
il estoit de son inuention, quand quelque autre l'acheueroit.

Septent.
Ang.
Occid.

Ang.
Septent.

Oricnt.

Figure Vingtneufiesme.
LIGNE OCCIDENTALE.

LIGNE ORIENTALE.

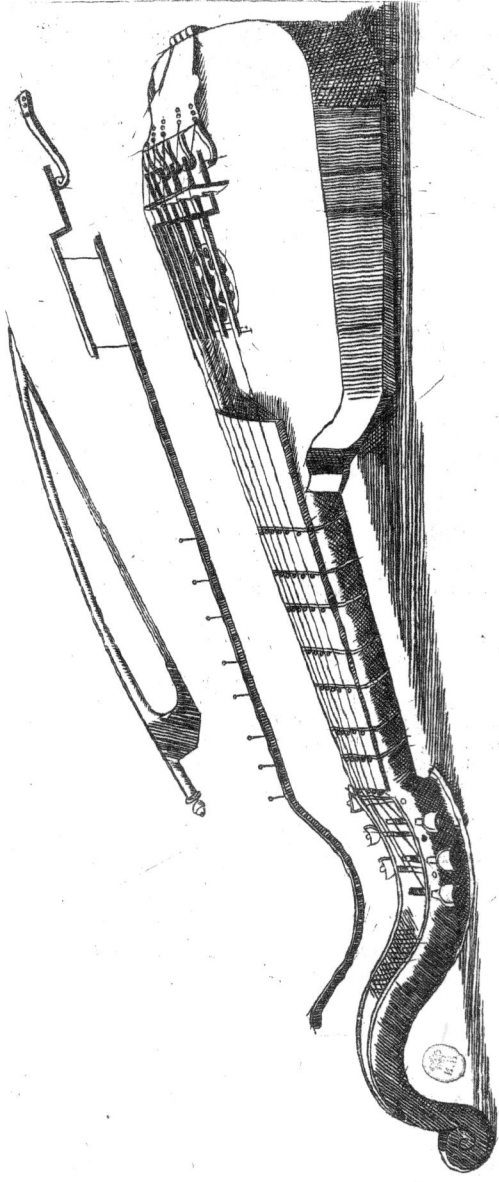

Occid.
Ang.
Midi.

Ang.
Oricnt.

Midi.

I.

PROPOSITION DE L'AVTHEVR

SVR LA XXX. FIGVRE.

ARTIFICE NON ENCORES VEV, PAR LEQVEL AVEC PEV
DE GENS ON PEVT TRAINER ET CHARRIER DES PER-
RIERES TOVS GRANDS FAIX DE COLOMNES ET OBE-
LISQVES, POVR LA BEAVTE ET PERPETVITE DES EDI-
FICES ROYAVX ET SOMPTVEVX.

Declaration de la mesme Figure XXX.

Toute la force de la presente Machine est en l'vnion & reciproque chágemét des Tours. Car il y a trois Tours, ausquels est vne Corde attortillée de sorte, qu'elle préd fin és Tours deuers Septentrion. Mais afin qu'on l'entende mieux; la Pierre ou Chapiteau qu'il faut trásporter, est celuy qu'on voit du costé Septétrional po-sé sur des Rouleaux, lesquels tournét en des Aisieux en lieu de Rouës. Au deuāt de l'assemblage de ces Rouleaux y est vn Tour: puis vers le Midy y est encores vn autre Tour, pres la propre ligne Meridionale: auquel sont les bouts des cordes du premier Tour. Et ceci est immobile, cóme aussi est l'autre du milieu, loing d'ice-luy de 13. Part. auquel sont les autres bouts des susdictes cordes. Or à ces deux Tours qui attirent deuers soy le Chapiteau, est adioustée grand force par l'autre Tour: c'est à sçauoir par le premier: car luy estant enuirōné à l'entour la mesme corde, il les aide fort tous deux & ainsi tirent facilement à soy la dicte Pierre. Ce qu'on peut voir par experience.

Addition.

SAns faute le consentement & cómun accord de plusieurs Tours multiplie beaucoup leur force; telle-ment que du double on vient au Centuple, par le moyen de quelque multiplication. Cependant la susdicte Pierre, ou chapiteau qu'il faut porter, n'est pas simplement mis sur des Rouleaux, ains il est posé sur vn Traineau, qu'iceux Rouleaux soustiennent; lesquels sont trois, & tournét sur des Piuots, qui entrét en certaines Pieces de Fer, venans du Traineau: & cecy se fait, afin qu'il ne faille point changer de Rou-leaux. Or le Tour du milieu, & le Meridional sont chacun sur vn traineau semblable à celuy, qui a le Cha-piteau dessus; lesquels Traineaux s'arrestent aussi contre terre par ces Bois qui en viennent en biais. Et sont au dit Tour du milieu attachés les bouts des Cordes dessus dictes; lesquelles venans de celuy, qui est iustement en la ligne de Midy, vont s'entortiller au tour qui est au Traineau du Chapiteau, ne faisans que trois tours en iceluy, & puis venás finir au mesme Tour dudict milieu. Les Cordes donques ainsi di-iposées, il aduiét, que quád le premier Tour, qui est en la ligne de Midy, tourne, il se tire à soy (estant immo-bile) le Chapiteau selon qu'il deuide des Cordes; & l'autre le tire à soy de mesmes. Et par-ainsi les deux tirant, leur force est multipliée par le Tour, qui est au Traineau du chapiteau: car estant tourné il tire à soy le premier Tour, qui est fixe, & qui aussi le tire à soy. Dont s'ensuyt vn mouuement tres-violent par la main de peu d'hommes, lequel difficilement seroyent plusieurs par vne autre Machine.

Figure Trentieſme.

LIGNE OCCIDENTALE.

LIGNE ORIENTALE.

Septent.
Ang.
Occid.

Orient.
Ang.
Septent.

Occid.
Ang.
Midi.

Midi.
Ang.
Orient.

PROPOSITION DE L'AVTHEVR

SVR LA XXXI. FIGVRE·

MACHINE NOVVELLE, POVR CHARGER ET CHARRIER EN
CHARIOTS GRANDS ET PESANS FARDEAVX PAR LIEVX
ACCESSIBLES: ET COMBIEN QVE CELA NE SE FACE SI
HASTIVEMENT, QVE DE COVSTVME, SI SERA IL FAIT
AVEC MOINDRE DESPENSE, ET OEVVRES TANT D'HOM_
MES QVE DE CHEVAVX.

Declaration de la mesme Figure XXXI.

'Artifice de ceste Machine depend de la raison precedente. Et doit on considerer icy deux choses: car le fardeau y est leué & charrié. Voyons donques ce
qui appartiéra à la premiere. Il tend d'Orient en Occident vne Cheure, du sommet de laquelle pendent deux Pyramides à quatre costés, dont les bases sont
paralleles: & en l'vne & en l'autre d'icelles sont plusieurs Poulies; a scauoir en
celle d'en haut treize, & en celle d'embas douze; qui sont constituees es Angles
des Pyramides; ainsi qu'apparoit par la Figure qui est à part depeinte vers son
flanc. A l'enuirō desquelles Poulies est attortillée vne Corde par mesme raison
qu'aux Tours deuant dits; laquelle est de l'vn de ses bouts attachée à vn Anneau
qui est au pied Meridional de la Cheure, & loing du haut d'icelle 1.Mes.6.Part.
& de l'autre bout elle est liée au tour, qui du mesme haut de la Cheure est loin 1.Mes.19.Part. Or ce tour
est aidé d'vn Trispaste qu'il a en son bout Septentrional: lequel instrument est ce, que communement
nous appellōs la vis sans fin; duquel le pourtraict est en la 39.Figure depeint au vuide vers l'Angle d'Occi
dent, & de Septentrion: & il a si grande & telle force, qu'on ne le sauroit expliquer ny redire par parolles.
Les autres choses, attachées à la pointe de la Pyramide d'embas, sont des Mains de fer & Crochets pour
prendre & tirer les fardeaux. Au demeurant pour charrier & emporter ces fardeaux, il y a trois Chars,
dont le Meridional est de quatre Roües, les autres de deux tant seulement: & en la derniere partie, ou
bien queüe d'iceluy Char de deuers le Midi y a vn Tour; à l'enuiron duquel se deuide vne Corde, qui
est attachée aux deux autres chars; dont l'vn est en la ligne Septentrionale & l'autre bien peu loing d'i-
celuy. Et chacun de ces deux chars a en sa queüe vn tel instrument, que celuy, qui se voit au vuide en la
Figure vers l'Angle d'Occident & de Septentrion, afin qu'ils ne puissent reculer. Finalement ces Chars,
marchans, & le tour les aidant, la charge est aiseément emportée, ainsi que l'Autheur a proposé.

Addition.

POur bien comprendre le marcher de la susdicte Corde partant des Poulies de la presente Machine,
il faut aduiser, que elle venant de l'anneau de Fer, qui est au sommet de la Cheure, premierement elle entre en la Poulie, qui est en vn des Angles de la base de la Pyramide d'enhaur, & d'elle en vne de celles, qui est en la croix de celle d'ambas: & de ceste en vne, qui est au milieu d'vn Angle de la Pyramide
mesme, dōt s'en va en vne, qui est en mesme constitution en l'autre Pyramide, de laquelle elle va en vne,
qui est à vn bout de la croix, & de ceste là vient à celle, qui est au bout de l'Angle de la Pyramide d'embas,
duquel Angle elle est ia venue. De elle va en vne autre de celles des bouts de la croix de la Pyramide de
dessous, & puis en vne, qui est au milieu de l'Angle de la dicte Pyramide, lequel Angle est composé en mes
me lieu que l'autre; & ainsi consequemment allant, viēt en fin en la Pyramide de dessus, à la Poulie qui est
au cētre de la croix: d'où puis aptes se deuide autour du tour, qui est sur le Char à quatre Roües, lequel
la tirant, luy baille tresgrande force à leuer le fardeau, qui tient aux crochets, qui pendent de la pointe de
la Pyramide de dessous, comme on l'a declaré. Touchāt puis apres le mouuement de tous les susdits chars,
outre cela, qui en a esté dit, on doit noter, que dés le premier Char vers Septentrion les cordes passent par
le second, & celles de cestuy cy passent semblablement sur le deuant du grād Char à quatre Roües, par où
l'on voit des petits Rouleaux, afin que la corde y touchant ne s'arreste, & ne s'vse. Et le tour ainsi disposé,
quād le Premier Char tire le tour l'aide, & tire à soy le second char, qui de son costé tire tāt qu'il peut, de
maniere que le fardeau en est violentement transporté, pour grief & grand qu'il soit.

LIGNE SEPTENTRIONALE.

LIGNE MERIDIONALE.

LIGNE ORIENTALE.

LIGNE OCCIDENTALE.

Figure Trentevniesieme.

Septent.
Ang.
Occid.

Orient.
Ang.
Septent.

Occid.
Ang.
Midi.

Midi.
Ang.
Orient.

PROPOSITION DE L'AVTHEVR

SVR LA XXXII. FIGVRE.

MANIERE D'ARTIFICE PROPRE A CONDVIRE LES MARCHANDISES,
EN TRAINANT CONTREMONT DES RIVIERES LES BATTEAVX
AVEC MOINS DE CHEVAVX ET DE DESPENS, QVE COMMVNE-
MENT ON NE FAIT, ET CE QVAND NVL VENT SOVFFLE POVR
LES POVSSER.

Declaration de la mesme Figure XXXII.

E Batteau chargé est celuy, qui est vers le Midi : lequel tirent deux autres moindres qui sont tirés des chevaux, marchans sur la riue : & de ces deux, le Septentrional est le plus grand, & celuy du milieu le plus petit : & ont vn chacun d'eux vn double Tour, pource qu'à ceste façon ils ont plus grande force. Puis, du Tour du plus grãd de ceux se va lier vne corde au haut du Mas du Batteau chargé, en vne boucle, qui y est, & au milieu du mesme Mas se va aussi rendre vne autre corde, venant de l'autre Tour du plus moindre Batteau, afin que par la force tant des hommes, que des chevaux, le Batteau chargé soit plus fort poussé & remõté. D'autre part au pied dudict Mas sont deux Batteliers, lesquels manient & gouuernét les bouts des di-
tes cordes, les laissant aller peu à peu, afin que le mouuement du Batteau soit bien ordonné, & lesquels aussi destournent des Tours les mesmes cordes quand ils en sont pleins. Les autres choses auec l'aide de ces aduertissemens, sont manifestes du seul regard de la Figure.

Addition.

LA raison de ce mouuement la voulãt redire ici, ne seroit qu'vne reiteration de ce qui a esté dit és precedentes declarations, l'Autheur monstrant par cela, en combien de manieres on peut se seruir du commun accord de plusieurs Tours.

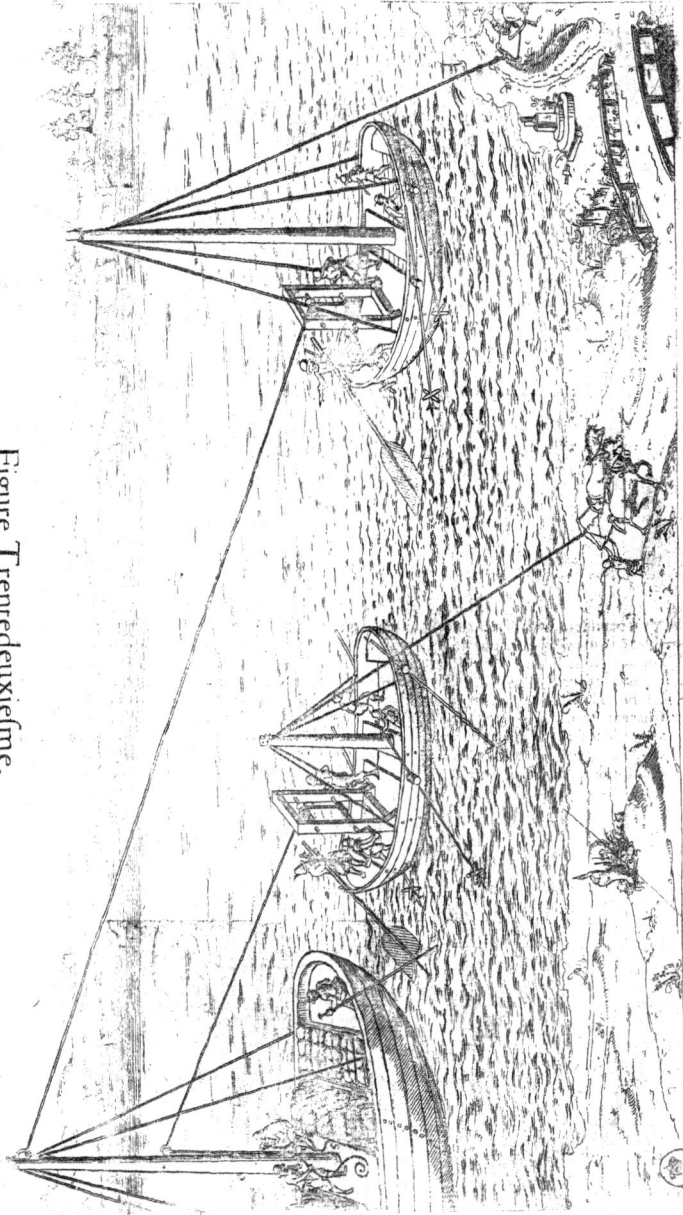

Ang.
Septent.
Orient.

Septen.
Ang.
Occid.

LIGNE OCCIDENTALE.

Figure Trenedeuxiefme.
LIGNE OCCIDENTALE.

Occid.
Ang.
Midi.

Midi.
Ang.
Orient.

LIGNE MERIDIONALE.

PROPOSITION DE L'AVTHEVR

SVR LA XXXIII. FIGVRE.

ARTIFICE NON POINT VVLGAIRE, POVR LABOVRER LA
TERRE D'VN MERVEILLEVX ABREGEMENT, AVEC TROIS
SOCZ ENSEMBLE, TENANS DEVX CORDES ATTACHEES
ALA CHARRVE, SE PLIANS ET REPLIANS OV AV DESSVS
DE LA CHARRVE, OV AV BOVT DV CHAMP.

Declaration de la meſme Figure XXXIII.

IL y a deux Aſſemblages de bois, l'vn Septêtrional, l'autre Meridiônal, faits ainſi comme la Cheure. Puis apres en la partie deuant de la Châtrue eſt vn Tour, que deux hômes virent, & en chacun des dits Aſſemblages de Bois ſont des Cordes finies; deſquelles ſvn des bouts eſt attaché à l'aſſemblage Septentrional, dôt apres s'eſtre deuidees au Tour de la Charrue, l'autre bout s'en va lier à l'aſſemblage Meridional : tellement qu'elles ſe peuuent oſter & remettre de toute heure par le moyen des Boucles & crochets, qu'on y voit. Or le Tour eſtant viré, la Charrue eſt pouſſée en toute force ; ainſi qu'eſt bien aiſé de voir.

Addition.

ICy pareillement a lieu encores la raiſon du mouuement des Inuentions ſuſdictes. Parquoy quand les laboureurs virent le Tour de la Charrue, iceluy tire contre l'vn & l'autre tour des Cheures : & c'eſt comme ſi tous deux tiroyent à ſoy la dite Charrue, l'vn par deſſus, & l'autre par deſſous ; & de là vient la force de tout ce mouuemêt. Mais en fin la Charrue eſtant au poinct de tourner en arriere, on porte les bouts des Cordes, qui ſont en Midy au Tour deuers Septentrion, & au contraire : ou bien le tour de la Charrue tourne ſur icelle à Piuot, de ſorte que le tour ne change point, mais ſeulement tourne la Charrue ; ce que ſeroit le mieux de faire. On pourroit auſſi donner ce mouuement bien plus fort, en mettant des Cordes infinies aux Tours ; leſquelles ſe deuidaſſent à l'entour du Tour de la Charrue; car lors la force ſe quadrupleroit ſans faute.

LIGNE SEPTENTRIONALE.

LIGNE ORIENTALE.

LIGNE MERIDIONALE.

LIGNE OCCIDENTALE.

Figure Trenteroisieme.

Ang. Septent.
Occid.

Ang. Septent.
Orient.

Occid.
Ang. Midi.

Midi.
Ang. Orient.

K

PROPOSITION DE L'AVTHEVR
SVR LA XXXIIII· FIGVRE·

ARTIFICE NOVVEAV ET COMPENDIEVX, AVQVEL VNE
ROVE TOVRNANT TOVSIOVRS EN MESME ENDROIT,
MEINE ET RAMEINE AVANT ET ARRIERE VNE POVTRE,
POVR CALENDRER LA TOILE A LA FACON D'VN CA-
MELOT A ONDES.

Declaration de la mesme Figure XXXIIII.

Ers Septentrion est vne Poutre, sontenuë entre quatre pieces de Bois, qui peut (ainsi que ie montreray) en vn tour seulement de ceste grande Roüe estre menée de Septentrion en Midy & de Midy en Septentrion:ce qui sera facilement entendu, apres qu'on entendra toutes les parties de la Machine. Du costé de Midy est vne grande Roüe détee, comme celle qu'on peut voir en tous Moulins,laquelle fiche ses dents és ouuertures de ces Pignons,qui sont en vn mesme Axe mobile auec deux Barrillets,autour desquels se deuident des Cordes. Il y a puis apres vn autre axe parallel à cestuy cy où sont semblablement deux Pignons,à l'enuiron desquels s'entortillent aussi des Cordes, & au milieu de ces Aißieux sont deux petites Roües dentées, desquelles l'vne côtraint l'autre : de maniere que le mouuement de l'Axe dessous est contraire à celuy de dessus. Outre cela en la dicte Poutre sont des Cordes,qui se deuident autour des Pignons d'enhaut,d'où elles aussi se vont lier à la partie deuant (asçauoir meridionale) de la mesme Poutre,en certaines Boucles, qui y sont. S'entortillent encores ces Cordes aux Pignons d'embas,& puis vont prédre fin en la partie Septentrionale de la Poutre. Mais elles enuironnent de façon les Poulies, qui sont es pieces de Bois,droits plantés,qu'elles attirent la Poutre vers Septentrion. Toutesfois elles se deuident autrement aux Pignons dessus, qu'aux dessous: d'ou aduient,que la Corde à l'occasion du mouuement ia defaillant , elle tout incontinent s'entourtille aux Pignons tout au cõtraire:ce qui se fait vne seule fois en vn seul tour de la grande Roüe , & estoit bien à noter.

Addition.

A Yant ceste Machine plusieurs parties belles & bien dignes d'estre obseruées, le Lecteur aduisera, outre les choses deuant dictes,que les Cordes passans par les poulies, qui sont és quatre Pieces de Bois,droits plantés, viennent premierement s'attacher aux boucles Septentrionales de la deuant expliquee Poutre; dont les Cordes venans des Poulies Septentrionales,tirent à soy la Poutre; laquelle a vers Midy,comme vers Septentrion,deux boucles,ou il y a deux Cordes,qui la tirent droit a Midy,sans passer autrement par les Poulies. Et ainsi par le moyé des Roües,qu'on a assés declarees, le mouuement promis s'en va fait.Car les cordes,qui tiennent en la partie Septentrionale de la Poutre , s'entourtillent aux Barrillets de dessous; & celles,qui tiennent en la partie Meridionale,s'entourtillent aux Barrillets de dessus d'autre façon qu'en iceux d'embas,Dequoy vient,que quand la grãde Roüe tourne, les Barrillets d'en haut tournent aussi; & la petite Roüe,qui est en leur Aißieu,fait tourner l'autre dessous tout au rebours. Et parainsi,quand les vns laschent,les autres tirét & au contraire. Puis quand la Corde est toute deuidee elle se redeuide au mesme Barrillet,& au contraire,qu'auparauant. Ce que seulement aduient (comme nostre Interprete l'a bien marqué) vne fois en vn Tour de la grande Roüe:durant lequel, la Poutre va & vient vne seule fois. Qui est cause,que de tour en tour faut faire changer de tournoyement au Cheual, lequel la Figure nous monstre peint,& mis en œuure,ainsi qu'il doit aller,vers Occident.

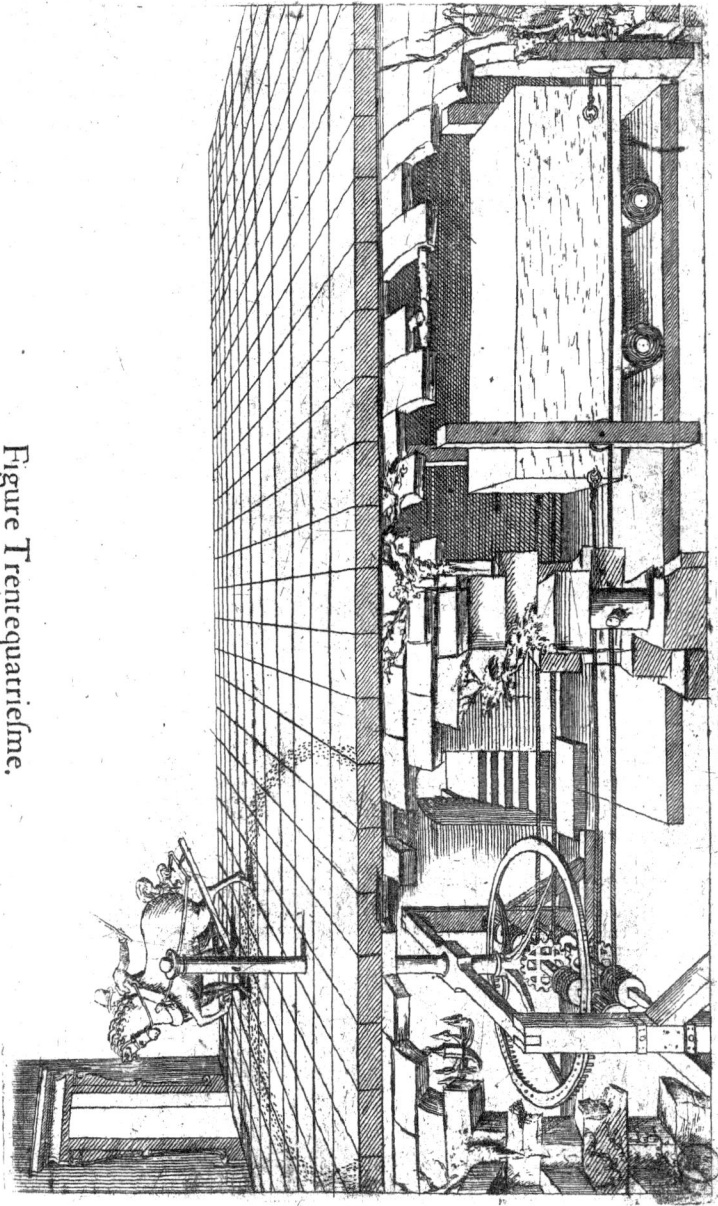

Figure Trentequatriefme.

LIGNE OCCIDENTALE

LIGNE ORIENTALE

Seprent.
Ang.
Occid.

Ang.
Septenr.
Orienr.

O.....d
Ang.
Midi.

Ang.
Orienr.
Midi

PROPOSITION DE L'AVTHEVR

SVR LA XXXV· FIGVRE.

NOVVELLE FACON DE MACHINE, PAR LAQVELLE SANS
ESCHELE, NY PONT ON ADMINISTRE PROMPTEMENT
PIERRES ET MORTIER A PLVSIEVRS MASSONS, POVR
BASTIR OV REPARER VNE HAVTE MVRAILLE NECESSAIRE.

Declaration de la mefme Figure XXXV.

A force de ce mouuemét eſt la grande Roüe.Les autres choſes ſe peuuent facilement entendre par la demonſtration ſuyuante. Icy deſſous vers le Midi ſont deux Tours? l'vn petit,auquel eſt deuidée vne Corde,& duquel le mouuement eſt cauſé par la main d'vn homme qui le tourne.Et ceſte meſme Corde eſt auſſi entortillee autour de la grande Roüe, en l'Aiſſieu de laquelle vers Orient & Occident,ſont deux Barrillets, qui auec leurs ſoutenements font l'autre tour. D'auantage és meſmes Barrillets ſont des Cordes, en l'extremité deſquelles eſt attaché vn Baſton,parallel à l'Axe de la plus grande Roüe, auquel ſe tiennent trois Seaux,& autát de Panniers: & vers le haut de la Machine ſont deux pieces de Bois,ayans en leurs bouts des Poulies. Or és extremités du dit Baſton ſont liees(comme i'ay touché)des Cordes,qui moyennant le mouuement de la Roüe & des Tours, leuent en haut le Baſton auec les Seaux & les Paniers.Lequel eſtant ainſi eſleué,l'homme qui eſt pres du Tour deuers Midy,tenant de ſa main vne Corde; la tire , & deſtourne ceſte Corde , que nous auons expliquée eſtre tournée en la grande Roüe: dont il attire deuers ſoy le dit Baſton,portant les ſeaux & les Paniers ia declarés.Ce qui eſt facile à cognoiſtre.

Addition.

POur auoir la choſe auſſi plus claire, il faut aduiſer, que la Corde du Barrillet d'Orient va ſe rendre à la Polie qui eſt vers Septentrion,par laquelle paſſant,doit deſcendre & arriuer iuſques à terre , pour y eſtre attachée au Baſton deuant expliqué,lequel ſe monſtre icy peint en la Figure eſleué en haut vers Septentrion,& que le meſme doit faire l'autre Corde de l'autre ſemblable Barrillet d'Occidét, c'eſt aſçauoir qu'elle ſe doit hauſſer,& paſſer dans la poulie de l'autre Bois Occidental,& de là deſcendre iuſques à terre,afin d'y eſtre ne plus ny moins liée au Baſton deſſuſdit, auquel ſont les trois Seaux & les trois Paniers, pour porter haut les pierres & le Mortier. Quoy tout ainſi entendu,il faut encores conſiderer , que tout le mouuement ſe cauſe icy par le moyen de celuy, qui meine la Signole du petit Tour , autour duquel eſt vne Corde,qui ſur luy ſe deuide d'autour de la grande Roüe,qui donne le branſle, & fait tourner les Cordes à l'enuiron des Barrillets,tellement que le Baſton monte en haut,eſtans toutesfois iceux Barrillets bien attachés contre terre par le moyen des pieds de leur Aiſſieu,afin que le poix ne les enleue.Finalement la Corde qui depuis la grande Roüe attache le Baſton au milieu, ſert pour le tirer embas , apres que les Seaux & les Paniers auront eſté vuidés.

Figure Trentecinq.

PROPOSITION DE L'AVTHEVR
SVR LA XXXVI· FIGVRE.

MANIERE NOVVELLE DE MACHINE, DONT LES BAT-
TEAVX VENVS A PORT PLAINS D'EAV, OV DE QVEL-
QVE AVTRE CHOSE CHARGEZ, SE PEVVENT A PEV DE
PEINE VVIDER ET DESCHARGER.

Declaration de la mesme Figure XXXVI.

N Orient est icy vn Bateau à descharger (par maniere d'exemple) rempli d'eau
pourquoy facilement faire, se bastit, & compose vne Machine telle, que nous la
voyons icy depeinte, les parties de laquelle estãs declarées, le lecteur en pourra
bien faire son proufit. Toute ceste Machine donques se soustient sur vn Piuot,
cõme vn Moulin à vent; afin qu'on le puisse virer de tous costés par ceste piece
de Bois, qui tend en Occident, & de la ligne du Midy est loin 21. Part. En outre, elle a en son milieu vne vis, en tour laquelle se meut librement vne Escrouë
ayant deux Arcs de Bois, qui sont attachés à deux perches, qui se peuuent aussi
bien mouuoir, estans haussees & baissées par les dits Arcs. Et de telles Perches
pandent d'vn costé & d'autre des seaux, estans tenues à raison par les colomnes
de l'assemblage. Le reste est tout ouuert.

Addition.

CEste Machine a pour sa base vn Plãcher quarré; aux quatre coins duquel sont quatre pieces de Bois
releuees sur iceluy à Angles droits lesquelles pieces en supportẽt deux autres, se croisans par le milieu
afin qu'il y soit mise vne piece de Bois creuse & ronde, là où la plus interieure partie de la vis cy dessus re-
marquee, qui tire de Midy en Septentrion, puisse tourner. D'auantage, de deux des quatre Pieces, qui
tiennent au plancher, de deux (di-ie) diametrelement opposees, s'esleuẽt deux Colomnes vers Septentrion; sur lesquelles est vn Trauersier, au milieu duquel est vn trou, dans lequel tourne le piuot de la vis;
en laquelle vn peu plus bas est vne Piece, où se tiennent àpiuot deux perches, composans vne Balance,
longue 3. Mes. 6. Parties. La disposition des arcs de bois, & de l'escroüe, a esté bien explique par l'interprete. Il reste seulement d'aduiser, que montant les dits deux Arcs bien plus haut, que leur com-
mencemẽt, qui est en l'Escroüe il est euident que par son hausser & baisser la deuant dicte Balance hausse
& baisse pareillement, estant tousiours tenuë à raison, par les deux Colomnes, qui passent à trauers icelle, comme on voit.

Figure Trentesixiesme.

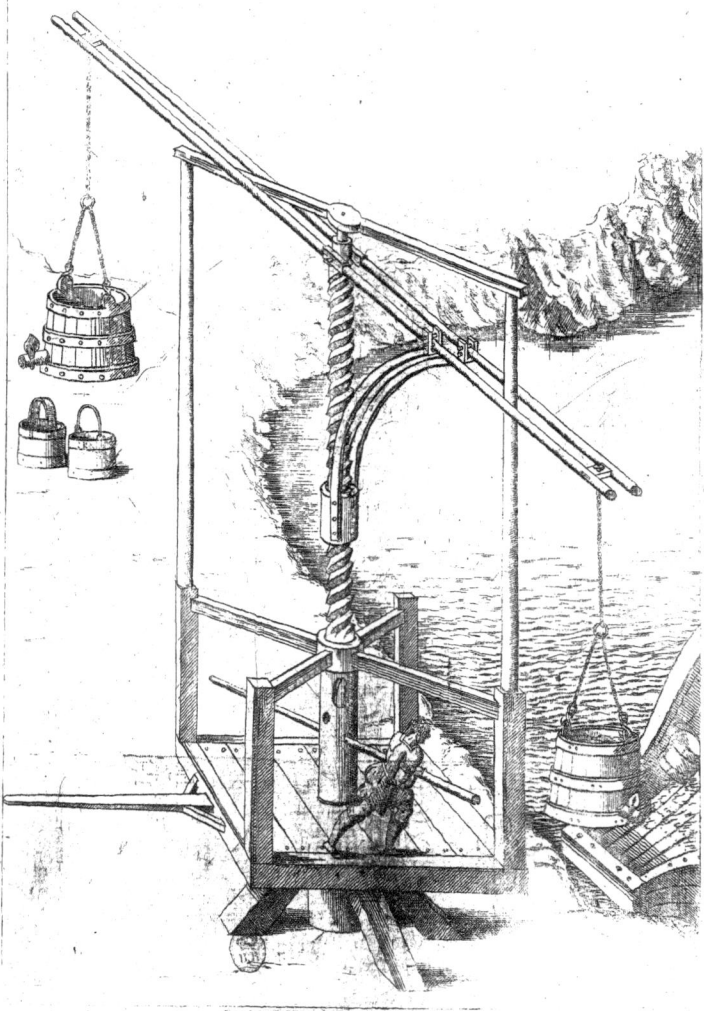

LIGNE OCCIDENTALE.

LIGNE ORIENTALE.

LIGNE MERIDIONALE.

PROPOSITION DE L'AVTHEVR

SVR LA XXXVII. FIGVRE.

NOVVELLE COMPOSITION D'VN INSTRVMENT POVR DES-CHARGER D'VNE VISTESSE MERVEILLEVSE LES PLVS GRANDS BATTEAVX CHARGEZ DES PLVS MASSIFS ET PESANS FAIX, ET CE PAR LE MOYEN DE LA VIS ET DE LA BALANCE.

Declaration de la mesme Figure XXXVII.

E sont choses claires à ceux là, qui en peuuent faire iugemét par la peinture, & qui ont veu des Mâchines bônes à tels affaires : car toute la force de ceste Machine est en la Vis. Or tout son assemblage se soustient sur vn Piuot, ainsi que la precedente. Mais disons specialemét de toutes ses parties. Celle qui auec vn Cylindre attaché tend vers Septentrion, est pour la pesanteur de son faix fermée & fichée contre terre. L'autre Amas de Bois, qui est à l'enuiron du Cylindre, est mobile tournoyât, & soustient vne Balance, tirant d'Orient en Occident, & longue 3. Mes. 11. part. Or au bout Oriétal de ceste Balancé, il y a des Chaines, desquelles on lie les fardeaux : & en l'autre est vne Escrouë, qui tourne sur des piuots, afin que la Vis puisse libre-ment entrer en elle, laquelle est attachée à vn Barillet, qui a libre mouuement en ces deux pieces de Bois esloingnees de la ligne Meridionale 2. Mes. 6. Part. qui luy sont paralleles. Que si vn homme n'est pas assés, pour faire l'effeçt, on y peut employer des poix, prests pour cela, les attachant à la Balance. Ce que la proposition veut enseigner..

Addition. ·

LA force de la Balance est vrayement celle; qu'à l'ayde d'vn poix on peut leuer vn gros fardeau: ce qui se peut beaucoup plus aiseement faire par l'ayde de la Vis, de la puissance de laquelle nous auons desia parlé. Parquoy ce n'est point merueille, que tant icy qu'autre part l'Autheur l'employe souuent en ses Ma-chines. Au demeurant le tout a esté icy appliqué par nostre interprete assés à plein. Il faut obseruer tât seu-lement, que le susdiçt Barillet tourne aussi bien parmi ces deux pieces de Bois sur deux Piuots, comme on le voit.

Figure Trenteseptiesme.

LIGNE OCCIDENTALE.

LIGNE ORIENTALE.

LIGNE MERIDIONALE.

L.

PROPOSITION DE L'AVTHEVR
SVR LA XXXVIII· FIGVRE·

FORME DE NOVVELLE MACHINE, POVR DESCHARGER TOVTES
SORTES DE NAVIRES, ARRIVEES A PORT, OV DE COLOMNES,
OV D'AVTRES SEMBLABLES PESANTEVRS, CHARGES, ET EMPES-
CHES.

Declaration de la mesme Figure XXXVIII.

Este Machine ainfi que les precedentes, fe fouftient fur vn Piuot, & y eft re-
muée par ce Bois, qui du milieu de fa Bafe tend vers l'angle de Septentrion &
d'Occident.Elle eft auffi faicte à la femblance de la Grue, qui eft vn inftrument
duquel vfent les Architectes & Maffons, pour leuer haut les groffes pierres,finon
qu'elle a d'auantage en fon milieu vne Vis, à l'entour de laquelle tourne vne Efcrouë,qui eft loin de Midy 3.Mes.eftant cefte Efcrouë tenue à raifon par les Renures,qui font aux pieces de Bois & flancs de la dicte Vis. Et de cefte mefme Efcrouë vne Corde ou Cheine fe vient rédre,à la Poulie Occidentale du Roftre ou
Bec de la Grue,& puis de là au fardeau,qui eft leué haut par la main de deux hó-
mes,tournans & pouffans icelle Vis.

Addition.

TAnt pour ce que noftre Expofiteur n'a icy rien omis,qui fuft à remóftrer,que pource que la Figure parle affñ de foy mefme,il ne me refte dequoy adioufter.

Figure Trentehuictiesme.

LIGNE OCCIDENTALE.

LIGNE ORIENTALE.

LIGNE MERIDIONALE.

L. 2.

PROPOSITION DE L'AVTHEVR

SVR LA XXXIX. FIGVRE.

NOVVELLE MACHINE ET PROPRE POVR AVEC PEV D'OVVRIERS ET DESPENS TIRER ET MONTER LA TERRE D'VN FOSSE AV DEDANS DES MVRAILLES, POVR LES REMPARER.

Declaration de la mesme Figure XXXIX.

O N ne peut assés expliquer auec parolles, combien ceste Machine soit vtile, veu que par ce moyen six hommes peuuent autant, que trente. Or elle est telle. Du costé de Midi se dressent vers Septentrion deux grans cheurons, de longueur 3. Mes. 3. Part. au bout Septentrional desquels est vne Vis sans fin (de laquelle la Figure est au vuide vers lâgle d'Occidét) auec vn Rouët qui est aussi peint de la part du flanc d'Oriét. Et cestuy Rouët a son semblable vers Midi, afin que l'vn tirant en haut, & l'autre en bas la force & la vitesse de l'instrument soyent plus grandes. La cheine en fin auec ses Bastons, ainsi qu'elle est pourtraicte auec le Rouët, s'en va tout au long des dicts Cheurôs; & en chasques deux Bastons est tousiours attachee vne Hotte & si tresfermément, qu'elle ne peut renuerser. Ce qu'il falloit dire.

Addition.

T Oute la puissance de ceste Machine est pour-vray en la Vis sans fin, & es Rouëts que l'Interprete nous à ià declarés: & sans faute elle est d'vn tres grand & tres-vtil vsage pour la fortification des villes. Reste seulement à obseruer, que la deuât dicte Cheine est aussi bien sans fin, & enuironne tous les deux Rouëts en la façon, qu'on la voit estre icy depeinte, les autres choses sont expliquees.

Figure Trenteneufiesme.

Septen.
Ang.
Occid.

Orient.
Septen.
Ang.

PROPOSITION DE L'AVTHEVR

SVR LA XL. FIGVRE.

ARTIFICE INVENTE PAR L'AVTHEVR POVR REMVER DE SON AS-
SIETE, ET DE LA BIEN SEVREMENT ET A PEV DE FRAIS TRANS-
PORTER OV ON VOVDRA, ET ILLEC DE NOVVEAV REDRESSER
EN LIEV FERME TOVTE GROSSE ET HAVTE COLOMNE ET OBE-
LISQVE.

Declaration de la mefme Figure XL.

Ertes, la cognoiffance de la prefente Machine apportera (comme ie penfe) delecta-
tion & plaifir veu qu'il aduient fouuét de s'en feruir, & les artifans ne l'ont point: outre que ce qui eft à porter, elle le foufleue & tire doucement, fans aucun detriment
comme vne Naffelle va fur leau. Mais ces chofes demandent vne declaration plus
ample, lefquelles ie donneray en peu de Parolles, tant qu'il me fera Poffible: Noftre
Autheur a icy pour exemple fait peindre vn Obelifque, qui tend d'Orient en Occident, loing de la ligne Septentrionale 2. Mef. 6. Part. & haut 2. M es. 10. Part. lequel
eft leué & emporté par ces Inftrumens icy. Vers Septentrion y a deux affemblages de Bois perpendiculairement erigés, & bien fermés fur terre, tant par plufieurs
Cordes, que pour la pefanteur de leur faix: eftants efloignés l'vn de l'autre de telle diftance, qu'ils peuuent
paffer parmi ces deux grandes Perches, qui de l'Angle Septentrional & Oriental vont vers Occident, & font
ongues 3. Mef. 4. Parties. du bout Occidental auffi defquelles pend i'Obelifque, leur autre bout eftant
là terre; là où elles font tirées par les Cordes qui y font attachées; & puis fe rendans en vne; s'entortillent
ioinctement à vn Tour, ou eft la Vis fans fin: lequel Tour eft du cofté Septentrional de la Machine, loing de
la ligne d'Orient 13. Part. Dauantage, il y à vne autre Machine faifant vn Triangle Scalene, par laquelle l'O-
belifque eft foutenu : & au plus grand flang de ce Triangle font des Cordes, qui fe tiennent aux Crochets
venans de l'Obelifque: lequel auffi eft foufleué par la Balance, qui tend vers Midi, pres que Parallele à la ligne Orientale, & de la longueur de 2, Mef. 16. Part. au Meridional bout de laquelle font mefme des Poix; & eft
tenu à raifon par vne Grue, qui eft au milieu de la Machine. Or les Cordes de deffus viennêt de deux Tours,
efquels font deux Vis fans fin, & tirent l'Obelifque vers Midi. Et doyuent ces Tours icy eftre tant haut
pofés, que celle partie de l'Obelifque eft haute, à laquelle les Cordes font liées. Ainfi puis que les Perches
deuant dictes feront vne fois paruenues au Tour Septentrional, on doit recommencer l'œuure de nouueau,
afin que l'Obelifque foit derechef pouffé outre & auancé. Qui eft ce qu'on propofe.

Addition.

Il refte auffi bien à obferuer qu'au plus grand cofté du Triangle Scalene eft vne piece de Bois rond & gros
qui fe hauffe où baiffe, felô qu'on met les Cheuilles, fur lefquelles ils s'appuye: car le bout Septentrional de
la Balance, qui attache l'Obelifque, & d'où vient la plus grande Force pour le hauffer fe fouftient fur iceluy,
qui apparoit loing de la ligne de Medy 2. Mes. 22. Part. Outre-plus cefte Balance eft beaucoup aidée par ces
hommes, qui auec Baftons & palanges foufeuent l'Obelifque; & par ceux là auffi, qui tirent les Cordes du
bout Septentrional d'icelluy, comme on voit.

LIGNE SEPTENTRIONALE.

LIGNE ORIENTALE.

LIGNE MERIDIONALE.

Figure Quarantiesme.
LIGNE OCCIDENTALE.

Septent.
ng.
Occid.

Occid.
Ang.
Midi.

Occid.
2. Septentr.
Orient.

Ang.
Midi.
Orient.

PROPOSITION DE L'AVTHEVR
SVR LA XLI· FIGVRE.

NOVVELLE ET CERTAINE INVENTION, POVR MASSONNER ES MAI-
SONS, MESMES QVI SOYENT BASSES DE CHEMINEES, DES QVEL-
LES ET LES RAIYONS DV SOLEIL, ET LE SOVFFLE DES VENTS
SONT TELLEMENT FORCLOS QVE NVL NE PEVT ESTRE OFFEN-
SE DE FVMEE DEDENS LES CHAMBRES.

Declaration de la mesme Figure XLI.

Ombien grande soit l'vtilité de ceste Invention, & combien elle soit requise pour la commodité des maisons, chascun le sçait. Or ie la declaireray le mieux que ie pourray, par coniecture, par experience, & par raison, dautant que par la Figure (obscurement de-vray depeinte par l'Autheur) ne peut pas le tout nous estre clair. Il y a ici donc vn Edifice, où est vne Cheminée, ayant son Canal droitement exposé aux Rayons du Soleil; & en iceluy Canal apparoissent d'vne part plusieurs Fentes, allans en Angles; lesquelles Fentes ont de leurs semblables opposées; mais non en façon, qu'elles soyent vis à vis respondantes l'vne à l'autre; ains en est chascune opposée à vne partie de la Paroy à fin que le Vent entrât par l'vne, la fumée, sorte par l'autre, qui luy est de contre vn peu plus bas. Et pour la fin, la bouche d'en haut du dict Canal doit estre faicte ayant vn bord tout à l'entour, à fin que la Cheminée ne soit remplie des Rayons du Soleil. Cela ainsi constitué, la proposition de l'Autheur se monstre veritable.

Addition.

LA commodité des Cheminées qui ne fument est si par tout desirée, que beaucoup se sont trauaillés les esprits pour trouuer quelque moyen d'en pouuoir iouir. Et combien que plusieurs inuentions s'en soyent controuuées; toutes foys ceste cy on la peut seurement tenir entre les plus seures & certaines; laquelle l'Interprete a sans faute bien expliquée. Ce neantmoins il est aussi à noter que le Canal susdit doit estre Quarré, & moyennement haut, & principallement és villes; là où il faut que sa hauteur surmonte celle des maisons proches & voisines.

Figure Quarantevniesme.

Ang.
Septent.

Orient.
Septent.

Septen.
Occid.

LIGNE OCCIDENTALE.

LIGNE ORIENTALE.

Occid.
Ang. Midi.

Midi.
Ang. Orient.

LIGNE MERIDIONALE.

M.

PROPOSITION DE L'AVTHEVR

SVR LA XLII. FIGVRE.

NOVVELLE SORTE DE PVLPITRE, AVQVEL ESTANT ACCOMMODES
DEVX MIROIRS L'VN A L'OPPOSITE DE L'AVTRE, LES FORMES
DES LETRES REVERBEREES DE TOVS DEVX, ET AVGMENTEES PAR
L'VN QVI EST CONCAVE, ON LIT BIEN AISEMENT EN VN LI
VRE, AV GRAND SOVLAGEMENT DE LA VEVE.

Declaration de la mesme Figure XLII.

Este façon de Pulpitre ne manque point de suptilité, d'autant que sa raison gist
en la reuerberation des rayons d'vn Miroir à l'autre. La forme donc de ce Pulpitre
entier & parfaict est vers Septentrion: les autres pourtraits sont ses parties; dont
le pied diceluy est en Midi. Puis apres, le soutenement des liures est au Milieu du
costé d'Occidét, & est de deux pieces: car en la piece de dessus on met le liure, & en
celle de dessous le Miroir. En la base aussi du dit soutenement paroissent deux
Trous, esquels on met deux Reigles fourchées, qui portent vn autre Miroir plus
haut que le premier. Et la figure de ces Reigles, & de ce Miroir est vers Orient.
Ce Miroir donc estant tourné deuers le liure, ses Rayons reuerberent en l'autre
Miroir, dans lequel on y lit facilement. Qui est aisé de faire, & par experience tout certain.

Addition.

LE Miroir duquel on a remonstré, qui est soustenu par deux Reigles fourchées, doit estre concaue; c'est á
dire, de ceux là, qui monstrent les images beaucoup grandes, qui ne sont a fin qu'on voye l'intention de
l'Autheur, quand il dit, que par l'vn des deux Miroirs les caracteres du liure sont augmentées en grandeur.
Combien que s'il ne s'en trouuoit de tels, on peut faire autrement, auec vn Miroir plat, dautant qu'il n'emporte beaucoup. Finalemant le dit pied du Plpitre est faict à vis, seulement pour pouuoir leuer & baisser le
soutenement des liures selon la commodité du lecteur.

LIGNE SEPTENTRIONALE.

Seprent.
Ang.
Occid.

Ang.
Septent.
Orient.

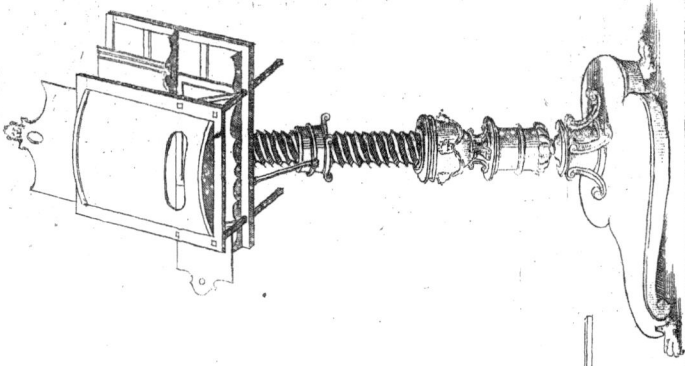

LIGNE ORIENTALE

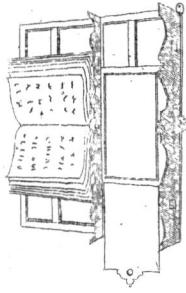

LIGNE OCCIDENTALE

Figure Quarantedeuxiefme.

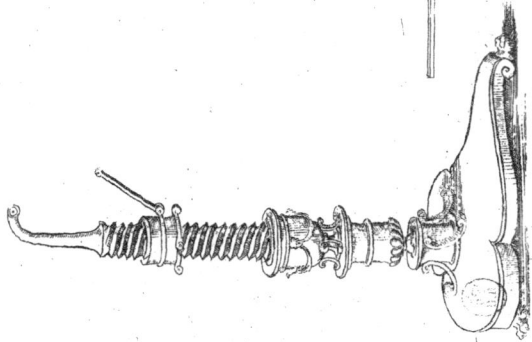

LIGNE MERIDIONALE.   M. 2.

Occid.
Ang.
Midi.

Midi.
Ang.
Orient.

PROPOSITION DE L'AVTHEVR

SVR LA XLIII. FIGVRE.

INVENTION NOVVELLE, QVI N'EST PAS A MESPRISER; PAR LA-
QVELLE D'VN PVIS BIEN PROFOND ON PEVT SANS TVYAVX,
AVEC DEVX POVLIES TANT SEVLEMENT TIRER L'EAV DE SOR
TE QVE CELVY QVI TOVRNE LA ROVE, NE SENT QVE LA MOI-
TIE DE LA PESANTEVR DE CE QV'IL TIRE.

Declaration de la meſme Figure XLIII.

Eux qui entendét louurage de la Mouſle des Architectes & Maſſons, peuuét ſans
autre declaration pareillement entendre la propoſition de la preſente Figure.
Mais diſons nous cepédant toutes les parties de ceſte Machine. Vers Septentrion
il y a vn Aſſemblage, ſouſtenát vn Tour, par lequel le tout eſt icy eſmeu. Ce Tour
donc lequel tend d'Occident en Orient, en ſa partie Occidentale a vne Rouë
auec ſa Signole : car ainſi que ſouuent a eſté dict, le mouuement d'vne grande
Rouë peut beaucoup en tels engins. Dauantage il y a icy vne piece Parallele au
dict Tour, ayant en chacun bout vne Poulie. Puis apres vers Midi on voit vn
Seau qui a ſur ſoy vne Mouſle de deux Poulies; autour deſquelles, ainſi que és
deux autres d'en haut, eſt enuironnée à vne Corde de ſorte, que ſon bout Oriental, paſſant dans la Poulie
Orientale de deſſous, s'en va rendre à l'Orientale auſſi deſſus, & de là à l'Occidentale d'en haut, & apres en
l'Occidétale d'embas; tellemét qu'en fin il s'appareille à ſon autre bout, ainſi tous deux enſemble s'entortil
lent au dict Tour. Quoy eſtre veritable, l'experience l'enſeignera : car quand le Tour vire, la Piece a deux
Poulies d'embas eſt souſleuée par ces deux bouts: qui eſt toute la ſubtilité de l'inuention preſente.

Addition.

MAis à fin que ie die encor plus clair le tournoyemét de ceſte Corde, en laquelle giſt le tout; elle eſt attachée par l'vn de ſes bouts au Tour, ou bien à l'Axe de la Rouë; d'où elle deſcend bas à la Poulie Orientale, de laquelle puis remonte à l'Orientale d'en haut; & de là s'en va trouuer l'Occidentale auſſi deſſus, dont elle ſe baiſſe à l'Occidentale de deſſous; de laquelle ſe depart & va au lieu, d'ou elle commence:
Qui eſt la cauſe, que lors que la Rouë tourne le Seau eſt leué; les deux Poulies eſtans tirées par la Corde,
qui les ſouſtient.

Septent.
Ang.
Occid.

Ang.
Septent.
Orient.

Figure Quarantetroisiesme.

LIGNE OCCIDENTALE.

LIGNE ORIENTALE.

Occid.
Ang.
Midi.

Midi.
Ang.
Orient.

PROPOSITION DE L'AVTHEVR

SVR LA XLIIII· FIGVRE·

AVTRE FABRIQVE INVENTEE A LA MESME FIN, QVE LA PRECE-
DENTE, PAR LAQVELLE EST DE TOVT PVYS, SANS INTERMIS-
SION NY CESSE, TIREE L'EAV AVSSI SANS TVYAVX NY SOVP-
PAPEL; ET CE PAR VN MOVVEMENT ALTERNE ET·POISE DE
LA BALANCE.

Declaration de la mesme Figure   XLIIII.

E declaireray les chosesicy nous apparens,qui sont fort vtiles:car on pourra pui-
ser beaucoup d'eau, & mesmes tout le long d'vn iour, mais que deux hommes y
trauaillent. On voit donc en la ligne Meridionale dans le fond d'vn puis vn Barrillet qui vire,à l'entour duquel est vne Chaine infinie,qui enuironne aussi vn autre Barrillet semblable, estant vers Septentrion sur le Puys:& de ceste Chaine là
pendent librement plusieurs Seaux, qu'on peut hausser & baisser infiniement;
moyennant qu'on entend de la raison du mouuement laquelle est telle.Premiere-
ment en l'assemblage sont trois Aissieux , dont celuy du milieu est loing de la ligne Meridionale 2.Mes.22.Part.auquel est du costé d'Orient le susdit Barillet , &
du costé d'Occident vn Pignon à Lanterne. Or cest Aissieu vire tousiours tout a-
lentour;mais les autres deux font tant seulement vn demy Tour: & ces deux icy ont vers Occident deux
Rouës, de la moitié desquelles en lieu de dens Sortent comme des Griffes;& deuers Orient ont deux autres Rouës à demy aussi dentées,en l'vne desquelles est attachée la Balance,qui se meut haut & bas.Et ceste
Balance ainsi poussée,le tout prend mouuement;les deux Aissieux des costés se mouuant d'vn demy Tour
sans plus; là où l'Aissieu du milieu,par le moyen des Griffes entrant au Pignon,se meut & vire entieremét;
l'vne Rouë d'vn flanc,& l'autre de l'autre se tournant. Dequoy depend l'excellence de ceste Fabrique,la-
quelle le diligent explorateur ne mesprisera point.

Addition.

CErtes le mouuement, qui en ceste inuention fait monter l'eau , est fort industrieux. Car deux Rouës
par la moitié Griffées, font faire plusieurs tours à vn Pignon ; dans lequel leurs Griffes entrent . Et la
cause en est, pource que quand ces deux Rouës se meuuent l'vne va d'vne sorte,& l'autre de l'autre. Que
si quelqu'vn vouloit faire aller deux Rouës d'vne semblable façon, il ne faudroit pas qu'elles s'entremenas
sent,mais qu'vn Mesme Pignó menast l'vne & l'autre.Ce qu'il a fallu entédre,pour auoir pleine cognoissan
ce d'vne si belle inuétion. Or la geule du puis que la Figure icy nous monstre,a d'entour soy vn assemblage
de quatre Colónes,qui en soustiennét la couuerture; icelles Colónes estans ioinctes les vnes aux autres par
des pieces de Bois Trauersiers; deux desquelles, à sçauoir celle qui est vers Orient & celle qui est vers Occident seruét à porter trois Aissieux,qui tournent sur leurs Piuots dás icelles.Lesquels Aissieux sont garnis de
Rouës,Pignon,Barillet,& Chaine,ainsi que par nostre Interprete a esté dict,dont ne faut pas le repliquer.Ie
marqueray tant seullement, que la Balance est menée par vn seul homme ; laquelle mouuant de Midi en
Septentrion, il cause que la Rouë où elle est fait mouuoir la Septentrionale Rouë sa contraire;laquelle fait
que la Rouë à demy Griffée de son Aissieu fait tourner le Pignó de l'Axe du milieu;& la mouuát de Septentrion à Midi,elle fait tourner la Rouë demy aussi Griffée de son Axe,laquelle fait semblablement tourner
le mesme Pignó desia touché. Par ainsi les Rouës par moitié dentées font l'vne apres l'autre,par le mouuement de la Balance,entrer les Griffes des Rouës à demy Griffées dans le dessus du dict Pignon ; qui rece-
uant de l'vne vn demy Tour,& puis de l'autre autant, il fait vn Tour; lequel Tour il reytere autant de fois,
que la Balance fait de doubles demy Tours.Au reste il y a de singulier aussi en ceste Machine,que iamais les
Seaux ne retournent, mais sont tirés à mont ou estans venus, faut qu'vn homme les verse; Ou bien que celuy qui tourne, les aille verser.

Figure Quarantequatriefme.

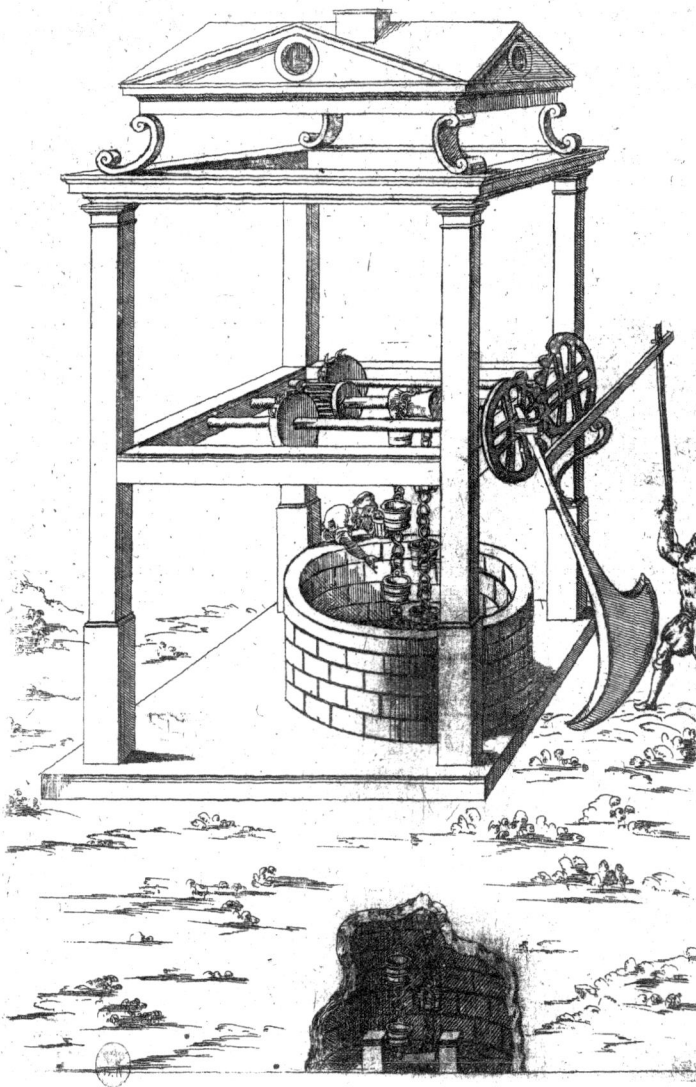

PROPOSITION DE L'AVTHEVR

SVR LA XLV FIGVRE.

NOVVEAV GENRE DE MACHINE PAR LAQVELLE VN OV PLV-
SIEVRS HOMMES PEVVENT SEVREMENT DESCENDRE ET RE-
MONTER D'VNE MINIERE; TANT PROFONDE QV'ELLE SOIT,
ET EN TIRER DEHORS LES METAVX IA FAVSSOYEZ.

Declaration de la mesme Figure XLV.

A subtilité de ceste Machine consiste en la Vis, que nous auons surnommée sans
fin. Or elle est icy du costé Oriental de la Machine péduë à vne Chaine, & loing
de là ligne Septentrionale 1. Mes. 20. Part. & de l'Occidentale 1. Mes. 2. Part. La
raison en est euidente par les choses desia dictes, & le demeurant est facile : car
quâd on tourne la Vis en haut, elle ne se destourne onques embas ; & au côtraire,

Addition.

IL n'y a nul qui ayant experimété la force de la Vis sans fin, doute que cecy ne se
puisse faire, lors qu'il entendra les parties & l'vsage de ceste inuention; qui con-
siste toute en ce, qui est au haut de la Figure vers Septentrion. Là où en premier lieu se void vne Tine, qui a
deux grosses pieces de Bois d'vn costé & d'autre ; ausquelles est vn Tour, au bout Oriental duquel est la
Vis sans fin, qui le meine ; vne mesme Chaine estant entortillée autour du mesme Tour, & d'vn mesme
costé. Ce qu'entendra facilement celuy qui regardera de pres la Figure. La mesme Chaine se vient rendre
aux Poulies, qu'en haut vers le Septétrion paroissent. Le reste nostre Interprete l'a expliqué, pour le moins
assés clair, sinon assés au long.

Figure Quarantecinquiesme.

Septen.
Occid.
Ang.

Ang.
Orient.
Septent.

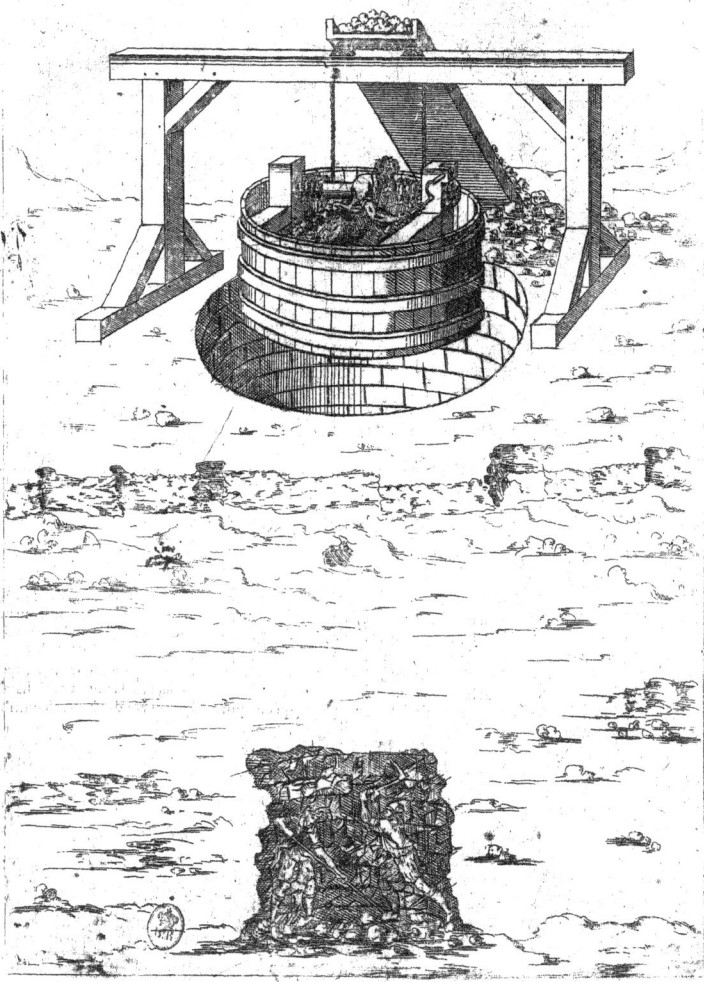

PROPOSITION DE L'AVTHEVR

SVR LA XLVI. FIGVRE·

NOVVEL ENGIN PROCEDANT DE LA BALANCE, PAR LEQVEL
L'EAV COVRANTE SE SOVSLEVE ELLE MESME A CERTAINE
HAVTEVR, POVR ARROVSER LA TERRE QV'ON VOVDRA; LA
ROVE CEPENDANT, QVI FAIT LE TOVT Y TREMPANT DEDANS,
DE PEVR QV'ELLE NE SE CORROMPE PAR LE HASLE.

Declaration de la mesme Figure XLVI.

Remierement on doit icy remarquer la Balance; aux extremités de laquelle font deux Seaux, dont l'vn eft en l'eau vers l'Angle d'Occident & de Midi, & l'autre leué en haut vers l'Angle d'Orient & de Septétrion; ayant aussi son milieu loing de la ligne Meridionale 2. Mes. 8.Part. & de l'Occidentale 1. Mes. 4. Part. & estant tenüe à raison dans le Bois de l'assemblage, elle est par mesme moyen haussée & abbaissée; l'eau poussant & faisant tourner la Roüe, qui est au bas posée vers le Midi. Or lors que cefte Roüe vire, se meut encores celle demy Roüe dessus laquelle est ainsi constituée, qu'vne de ses parties est basse, & l'autre est haute; à fin que quand la Balance se rencontrera en la basse, elle soit petit à petit esleuée en la plus haute. Les autres choses se peuuent comprendre par la Figure mesme.

Addition.

LA force de l'eau,& la façon de la Roüe, qui conduit la Balance font cause de la gentilesse de cefte inuention; par trop estroitement certes declarée, par noftre Expositeur. Or cefte Machine a premierement de chafque costé deux pieds, qui font deux pieces de Bois pareilles, entre lesquelles demeure la Balance, comme il est aisé de voir par la Figure. Et cefte Balance a son Clou, sur lequel elle tourne, en cefte piece de Bois fixe, qui tient au haut de l'assemblage, loing de la ligne de Septentrion 1. Mes. 8. Part. & est icelle Piece fendüe vers les Piuots de la Balance, à fin que la Balance ait libre mouuement haut & bas. Puis au bout Meridional de la mesme Piece est vn Trou, où entre vn Piuot de l'Arbre de la Roüe, qui en a encor vn autre, eftant en vne pierre en l'eau, loing de la ligne de Midi 16. Part.& d'Occident 1. Mes. 5. Part. Outreplus en la Balance loin de son milieu d'vn costé 9. Part. & de l'autre 10. Part. vn Canon Rond, qui tourne; à fin que la Roüe puisse mieux faire hausser & baisser la dicte Balance qui à l'vn & l'autre bout a les Seaux desia dits; lesquels doyuent estre versés par vn homme lors, qu'ils font au haut. Et pour la fin en l'Arbre, qui tourne fur ses Piuots, comme dict a esté, il y a vne Roüe Aillée, que l'eau fait mouuoir là où on la void pourtraicte. Or l'autre Roüe dessus mentionnée, est seulement demie; qui a vne partie plus haute que l'autre de sorte qu'elle va tousiours en haussant. Et celle est la cause de faire leuer & baisser les Seaux: car quand le Seau, qui est en bas, sera plein, la plus basse partie de la Roüe se viendra mettre dessous la Baláce, & la poussera en haut, qu'estant venüe au haut bout, elle commence à laisser la partie qu'elle portoit, pour prendre l'autre, comme elle auoit fait la premiere.

Septent.
Ang.
Occid.

Ang.
Septent.
Orient.

Figure Quarantesixiesme.

LIGNE OCCIDENTALE.

LIGNE ORIENTALE.

Occid.
Ang.
Midi.

Midi.
Ang.
Orient.

PROPOSITION DE L'AVTHEVR

SVR LA XLVII. FIGVRE.

PAR CESTE NEVFVE ET DVRABLE MACHINE AVEC VN TVYAV
ET DES SVPPAPES POSEES DANS LA TESTE DV DIT TVYAV
ON TIRE L'EAV FACILEMENT D'VN PVITS PROFOND, PAR LE
HAVSSER ET BAISSER D'VNE BALANCE.

Declaration de la mefme Figure XLVII.

IL y a icy principalement à noter deux chofes; à fçauoir l'Affemblage deffus, & ce-luy d'embas, lefquels i'expliqueray tous deux en vn. En l'Affemblage dóc d'en haut qui tend en Septentrion, eft vn Axe; au milieu duquel eft vne Vis bipartie, où font deux Efcrouës; lefquelles enfemble s'approchent du milieu, & enfemble s'en defpattent, & de l'vn & de l'autre pend vn Sautereau, en l'autre partie duquel eft la Perche du Tuyau du milieu, qui attire l'eau. Or à ce Tuyau l'eau eft mini-ftrée des autres, par le moyen de deux Pieces, qui font en l'Aiffieu de la Baláce tel lement conftituées que lors qu'vn bout eft abbaiffé, l'autre eft efleué; Efquels bouts il y a des Chaines, qui vont iufques au fond du Puits; là où font deux autres Balances petites, ayans leur milieu loing de la ligne de Midi 14. Part. & de l'Orientale. 1. Mef. 13. Part. Et aux extremités de ces Balancettes fe rendent les Chaines deffus dictes; de forte que quand le bout Orien-tal des Pieces fus marquées eft hauffé, l'extremité Orientale auffi de ces Balancetes eft leuée; & ainfi des autres. Puis apres en Orient eft vn Tuyau parallel au Bois, portant les dictes Balancetes; comme auffi vn autre il en y a vers Occident; en tous deux lefquels on met deux Vaiffeaux quarrés (dont le pourtraict eft au vuide Oriental & Occidental de la Figure) ayans leurs Aiffieux dans les Fentes tant de l'vn & l'autre Tuyau, que des Balancettes. Et par ces deux Vaiffeaux'dernierement notés eft remplie grand Tuyau, qui va iufques à la geule du puits; dont par le moyen des Souppapes, ainfi qu'és cómuns Tuyaux, on tire l'eau.

Addition.

COmme ainfi foit, que ce Tuyau ait beaucoup d'aides par plufieurs engins, non point vfé; il dóne vraye-ment quatre, voire cinq fois autát d'eau, qu'vn cómun. Et fes parties font telles dedans & fur le puits que par noftre Interprete fe font pres que toutes declairées. Or ce Tuyau comméçant au deffous du Sautereau vient finir loing de Midi 1. Mef. 4. Part. où il eft croifé d'vn autre auffi gros, que luy. qui eft appuyé fur deux autres Tuyaux, & vne piece carrée entre deux; en laquelle eft vn Clou où petit Aiffieu, qui porte les deux Balancettes deuant dictes; lefquelles font deuers leurs bouts fendues, la fente ayant enuiron 5. Part. de longueur, & de telle largeur qu'elle reçoit les Piuots des Vaiffeaux, qu'on met dedans ces Tuyaux plus cours defia declairés. Finalement toutes ces chofes, & les deuant expofées caufent icy le mouue-ment, dont l'eau eft tirée à mont: car quand l'ourier donne branle à la grande Balance, elle fait que les petites Balances d'embas, par le moyen des Chaines, fonteleur deuoir; & que le Sautereau tire la perche; ou tient vne Boucle, à fin que l'eau monte en abondance.

Figure Quaranteseptiesme.

PROPOSITION DE L'AVTHEVR

SVR LA XLVIII· FIGVRE. ·

CESTE NOVVELLE MACHINE ENSEIGNE, PAR QVELLE INDV-
STRIE L'EAV COVRANTE D'VN LIEV BAS SE PEVT SOY MESMES
PAR VN TVYAV AVEC SES SOVPPAPES MONTER IVSQVES AV
HAVT D'VNE TOVR, MOYENNANT L'ARTIFICE D'VNE SIGNOLE.

Declaration de la mefme Figure XLVIII.

Ovte la fubtilité de cefte Machine gift en la Signole, de laquelle nous dirons à fon lieu Premierement donques, d'autant que font icy à confiderer deux chofes, à fçauoir le mouuement, & l'extraction de l'eau; difons par ordre de l'vn & de l'autre. La caufe du mouuemét eft celle grãde Rouë, qui tãd icy vers Orient, laquelle eft pouffée par le feul cours de l'eau. Et icelle en fon Axe a vne petite Rouë détée, dont les dens entrans en vn Pignon à l'anterne le meinent & font virer. Et ce Pignon a fon Aiffieu en Occident; au bout Occidental duquel eft vne Signole tellement ployée que fa derniere partie eft parallele à la premiere, mais fans tomber en elle : laquelle partie, ou bout entre en vn Canon, qui eft loing de la ligné Meridionale 1. Mef. 1. Part. & de l'Occidentale 22. Part. Puis ce Canon eft en vne Piece mobile, laquelle en fon milieu, qui eft vers Septentrion, a vn Bois trauerfier fixe & ferme en elle, & loing de la ligne Meridionale 2. Mef. 15. Part. Or aux extremités de ce mefme Bois font deux Trous, efquels fe mouuent deux Bras conftituans vne Tenaille, & ayans leur bout Meridional eflongné de la ligne de Midi 1 .Mef. & de celle d'Occident 17. Part. là où eft vn Aiffieu, en tour lequel ont mouuement, & de leur autre bout à fçauoir Septentrional, ils font attachés à deux petites Branches, par vn Anneau iointes enfemble comme vn fleau àbatre blé, tellement quelles font eflargies, ou bien preffées, felon le mouuement; & quand elles font preffées & contraintes, elles hauffent la Perche qui tire leau à mont: lequel mouuemét eft fur tout caufe par la Signole deffus dicte; car elle attire, ou pouffe le Bois, qui tient au dit Canon. Au demeurant, ce qui eft bas vers Midi eft vne Souppape: le refte eft vulgaire, appartenant à la fermeté & affemblement de la Machine.

Addition.

CE qui fe fait en la precedente Machine par la force d'vn homme, en cefte eft faict par l'eau mefme. Or la grande Rouë ià expliquée, qui eft en l'eau (à fin que ie m'en defpeche en vn mot) eft comme celle des Moulins à eau fur les riuieres. Quant à la Signole auffi bien declarée, pour eftre encor mieux entendue, il faut aduifer, que fon bout, qui tient à celle Piece, ne vient pas de mefme trait & droittement à trouuer fon autre bout, qui eft en l'Axe du Pignon, mais demeure plus haut en efgard à ceft Axe, lequel paffe par le Centre du Cercle imaginaire, qui fe fait par la reuolutiõ de la dicte Signole; ainfi que tout hôme moyennement entendu es Mathematiques, peut fçauoir. En apres, le Canon a fon mouuement haut & bas : car lors que la Signole meut, elle le contraint d'aller tantoft haut, tantoft bas: & parainfi eft la caufe du mouuement de la Perche, Bois, Bras, & Branchettes, par l'Interprete remarquées & expliquées. Et de faict ceux qui confiderent diligemment la Figure, trouueront la propofition de l'Autheur eftre claire & infallible.

Figure Quarantehuictiesme.

LIGNE OCCIDENTALE.

LIGNE ORIENTALE.

LIGNE MERIDIONALE.

PROPOSITION DE L'AVTHEVR

SVR LA XLIX. FIGVRE.

AVTRE FERME FACON DE MACHINE POVR PVISER DE L'EAV
PAR LAQVELLE SVYVANT LA RAISON DE LA TENAILLE ET DV
CONTREPOIS EN TIRANT EN HAVT ET POVSSANT, L'EAV EST
PAR L'ARTIFICE DES SOVPPAPES AVTANT HAVT CONDVICTE,
QV'ON NE POVRROIT PLVS LA CONDVIRE.

Declaration de la meme Figure XLIX.

IL est icy à noter diligemment, qu'vne mesme Balance a deux Bras, & que la forme de la Tenaille est semblable à celle, de laquelle nous auons dict en la Figure precedente; & que la cause de ce mouuement est le Contrepois. Vers Septentrion donques sont icy vne Balance, & vn Tuyau. Le soustenement ou pied d'icelle Balance est en Occident, & à sa partie Orientale elle a vne Chaine, le dernier bout de laquelle tire vers Midi; là où est vn Canon, dans lequel entre vn Contrepois, attaché à la dicte Chaine. Et ce Canon se meut, à ce que le Contrepois y ait libre mouuement tout à l'entour. Touteffois il est tenu à raison entre deux Pieces, qui le soustiennét sur deux Piuots; à fin que le Contrepois n'y soit transporté deçà ny delà. L'autre partie puis apres de la Balance tend en Orient, ayant à son bout vne Corde, que vn homme tire, pour donner le mouuement. Outre ce, d'vn Anneau de ceste derniere partie de la Balence susdite pendent trois Perches; desquelles les deux des costés vont trouuer la Tenaille; l'autre du milieu est la perche du Tuyau, par le moyen de laquele l'eau est tirée à mont: & la fin ou pied de ceste Tenaille est loing de la ligne Meridionale 16. Part. & de l'Occidétale 1. Mes. 16. Part. ou est vn Piuot, entour lequel elle vire; ne'stant point fixe, mais mobile; ainsi qu'est encor l'autre, qui luy est à l'encôtre. Il y a pareillement es costés, deux autres Piuots, à fin que le Sautereau s'y puisse mouuoir; ayant à sa partie Meridionale vn baston, duquel le bout est attaché contre vn Bois vers Orient: & ce mesme Baston entre dans le Tuyau, auquel est vne Souppape quarrée, comme les deux à part depeintes en la Figure xlvij. Ce qui appartient au reste, est euident. Car le Contrepois aide, & la Souppape remplit d'eau le Tuyau par dessous, dans lequel tirée à mont est espuisée. Or toutes ces choses nous seront ouuertes du seul regard de la Figure. Mais si tu demandes. A quoy sert ce Baston qui est aupres du Contrepois? il est pour reprimer le mouuement d'iceluy.

Addition.

CE Tuyau nous est peind dans vn puis, comme celuy de la Figure xlvij. dont il y a vne partie de ce qu'a esté dict en icelle, & en vne autre aussi de celles de deuant: car ceste Machine est tirée de l'vne & de l'autre. Parquoy tant par ce, qu'aussy que par nostre Interprete n'est rien laissé en arriere; nous dirons tant seulement que le tout estant ainsi ordonné, quand l'homme tire la Balance, le Contrepois luy resiste, qui le tire apres luy; de sorte qu'il n'a peine que de tirer. Ce que faisant, le Sautereau fournit le Tuyau d'eaue, laquelle puis la Perche tire du tout.

Figure Quarannteneufielme.

LIGNE MERIDIONALE.

O

PROPOSITION DE L'AVTHEVR

SVR LA L. FIGVRE.

NOVVELLE COMPOSITION DE MACHINE, PAR LAQVELLE VNE ROVE GARNIE DE TOILES, ET DE QVELQVE COSTE QVE CE SOIT POVSSEE DV VENT DESSVS LE DOME D'VNE TOVR TIRE L'EAV D'VN BIEN BAS LIEV EN BIEN GRANDE HAVTEVR.

Declaration de la mesme Figure L.

EN la Figure presente la subtilité est, que ou de çà ou de là que la Rouë vire, tousiours vient de l'eau. Mais le Peintre y a omis les Canaux de Bois, qui doyuent estre en haut aupres du Barrillet, pour receuoir l'eau; d'autant qu'ils sont icy mal Peints embas vers Orient. Mais voyons specialement ses parties. En haut vers Septentrion est vne Rouë garnie de toiles, se soustenant sur deux Piuots, afin que à tous vents elle aye libre mouuement; en l'Aissieu de laquelle est vne autre Rouë dentée plus petite, qui meine vn Pignon à lanterne, tel qu'on voit és communs Moulins. Et en l'Aissieu de ce mesme Pignon est vn Barrillet encor plus petit, qui a des Rayons parallels en façon de Scye. Il y a aussi au fond du Puits vn autre Barrillet à cestuy cy semblable & mobile. Et entour tels deux Barrillets est vne Chaine infinie, où sont plusieurs Coquilles fond contre fond, à fin que en quelque maniere que ce soit, il y en ait tousiours de plaines d'eau. Le demeurant est clair, tout ce que i'ay dict estant bien entendu.

Addition.

CE que dessus on a monstré de faire par le moyen des hommes, ou par la force des eaux, icy nous est enseigné à faire par le vent. Or les deuant notées Coquilles, posées à la façon, qui dite a esté, la necessité de l'Oeuure le requerant; pource quelles montent, ou descendent au pris que le vent fait tourner la Rouë, lequel ne souffle point tousiours d'vn costé. Le reste est assés bien declaré.

Septent.
Ang.
Occid.

Orient.
Ang.
Septens.

Figure Cinquantiefme.

Occid.
Ang.
Midi.

Midi.
Ang. Orient.

O. 2.

PROPOSITION DE L'AVTHEVR

SVR LA LI. FIGVRE.

FONTAINE AVENT PERPETVELLE AVEC TEL SON ET ACCORD
MVSICAL, ET AVSSI TEL MOVVEMENT CELESTE (TOVS DEVX PA-
REILLEMENT PERPETVELS) QV'ON Y VOVDRA APPLIQVER

Declaration de la mesme Figure LI.

Lfaut entendre, que l'eau ne peut monter d'elle mesme plus haut, que d'où elle
viend. Or cela qui en ceste fontaine est deuers Midi, il est commun; le reste non
pas: & de cecy me plaist de rendre quelque raison. En haut deuers Septentrion
sont pourtraictes des Testes de vets, pour en soufflant iecter de l'eau; pour quoy
faire, l'eau y doit estre menée d'vn lieu plus haut, & doit on aussi bien faire en la
bouche de telles Testes plusieurs Pertuis, afin que par le mouuement d'vn
Instrument à ce faict accommodé, l'eau en soit versée. Puis apres par vn mouuement de Horologes, si l'eau venant des Canaux faict mouuoir les Rouës, l'on
sera moyennant la multiplication du mouuemét susdict, tout ce qu'on voudra.
Ie ne'n puis escrire maintenant d'auantage, mais Dieu aidant ce sera vne autre fois.

Addition.

OVtre les choses deuant dictes, il faut aussi que pour bien iouir de ceste Fontaine, il y ait de l'eau en a
bondance, à fin que le canal du mouuement soit tousiours rempli. Le demeurant, Ie le tais, ne l'ayant
encor experimnté.

Figure Cinquantevniesme.

PROPOSITION DE L'AVTHEVR

SVR LA LII. FIGVRE.

ARTIFICE AVTANT SINGVLIER (COMME IE PENSE) QVE NON POINT COMMVN, POVR IECTER L'EAV CONTRE VN GRAND FEV; MESMEMENT LORS QVE POVR LA GRANDEVR DE LA FLAMME, NVL NE PEVT ENTRER NY APPROCHER DE LA MAISON QVI BRVSLE.

Declaration de la mesme Figure L II.

Est Instrument, qui est faict en forme de Cone, se soustient sur deux Roüés: ayant sa bouche tournée vers le Septentrion: & aupres de sa Base il y a des Demi cercles, qui seruent à l'hausser, ou baisser, D'auantage vers sa dicte bouche Septentrionale est vn Entonnoir, pour y verser l'eau dedans; & en sa Base, ou bien partie Meridionale, est vne Vis, donc est poussé dedans & reculé vn Baston, auquel sont des Estouppes, ainsi qu'aux Siringues. Le reste appert.

Addition.

CEste noble Inuention est si souuent, requise, pour esteindre les grands feux, desquels on ne peut approcher; que sans faute elle merite d'estre plus au long, & plus ouuertement expliquée, afin qu'elle soit mieux entendue. Toute ceste machine donc est menée sur deux Roüés; dont le moyeu de celle qui se voit, est loing de la ligne de Midi 2. Mes. 12. Part. & d'Oriét 22. Part. & est soustenue sur quatre pieds, dont deux se voyét loing des lignes susdictes; à sçauoir l'vn 2 ½. Mes. 2 Part. & l'autre 4. Part. 18. Part. & autres 18. Part. aussi; estans tous deux tenus à raison par deux Crochets, qui viennét de la Base, en laquelle au bout Septétrional est vne Grille, pour arrester la Machine. Les deux autres Pieds viennent des deux pieces, qui soustiénét le vase, dans lequel est l'eau; desquels celuy, qui apparoit le plus, est attaché auec vne Cheuille loing de la ligne de Midi, 2. Mes. 8. Part. & d'Oriét vne Mes. 16. Part. & finit à 3. Mes. loing de la ligne de Midi & 20. Part. d'Orient. Or le dict vaisseau est faict en maniere de Cone, afin que l'eau aille plus impetueusemét icar quand les Vases sont à Colonnes, l'eau s'en va plus doucement. D'auantage il tourne sur deux Piuots, qui entrent és Pieces, qui le soustiennent: dont l'vn se voit esloigné de la ligne de Midi 2. Mes. 9. Part. & d'Orient 1. Mes. 7. Part. Mais l'autre, pour raison de la peinture, n'apparoit que bien peu. Et est ce Vaisseau tenu à raison par celle Cheuille qui entre dans les Demicercles, qui sont au derriere vers Midi, seruans à hausser & baisser la bouche, selon que le feu sera haut: L'entonnoir & la Signole seruent à cela, que l'interprete à declaré.

LIGNE ORIENTALE

LIGNE OCCIDENTALE.

Figure Cinquantedeuxiefme.

Septent.
Ang.
Occid.

Orient.
Ang.
Septent.

Occid.
Ang.
Midi.

Midi.
Ang.
Orient.

PROPOSITION DE L'AVTHEVR

SVR LA LIII· FIGVRE·

ARTIFICE NON POINT A MESPRISER, POVR LEQVEL ON PEVT TI-
RER, ET SAVVER NON SEVLEMENT LES MARCHANDISES D'VN
BATEAV SVBMERGE AV PORT, MAIS AVSSI LE VAISSEAV AVEC SA
CHARGE, OV ENTIER, OV EN PIECES POVR EN VVIDER LE PORT.

Declaration de la mesme Figure LIII.

EN ceste Machine il n'y a rien de nouueau; combien toutesfois qu'elle ne manque de subtilité; laquelle gist en la raison & maniere, dont la Vis se meut. Or en Septentrion apparoit vn Moyeu, duquel viennent plusieurs Rayons, dont iceluy a mouuement; lequel estant esmeu, se meut encor la Vis; comme ainsi soit que le Moyeu mesme est vne Escrouë. Il y a pareillement deux Pieces de Bois; à sçauoir l'vn bas, & l'autre haut; dont les trous sont fabriqués en Escrouë, à fin que la Vis y puisse tourner dedans; au bout Meridional de laquelle sont des mains & Crochets de Fer, pour tirer à mont les fardeaux. Tout le reste est facile.

Addition.

LE susdict Moyeu est au milieu des deux deuant notées Pieces de Bois faictes en Escrouë, qui sont paralleles; & est tourné par la main de deux hommes, qui en poussent les Rayons; tellement que la force y est tresgrande; comme ainsi soit, que la Vis passe outre par trois Escrouës. Les Crochets, ou mains de Fer susmentionnées, ont la façon de ceux, qu'on vse és Ports de mer, & és Hasles des bonnes villes.

Septenn
Ang.
Occid

Orien.
Ang. Septent.

Figure Cinquantetroisiesme.

LIGNE OCCIDENTALE

LIGNE ORIENTALE

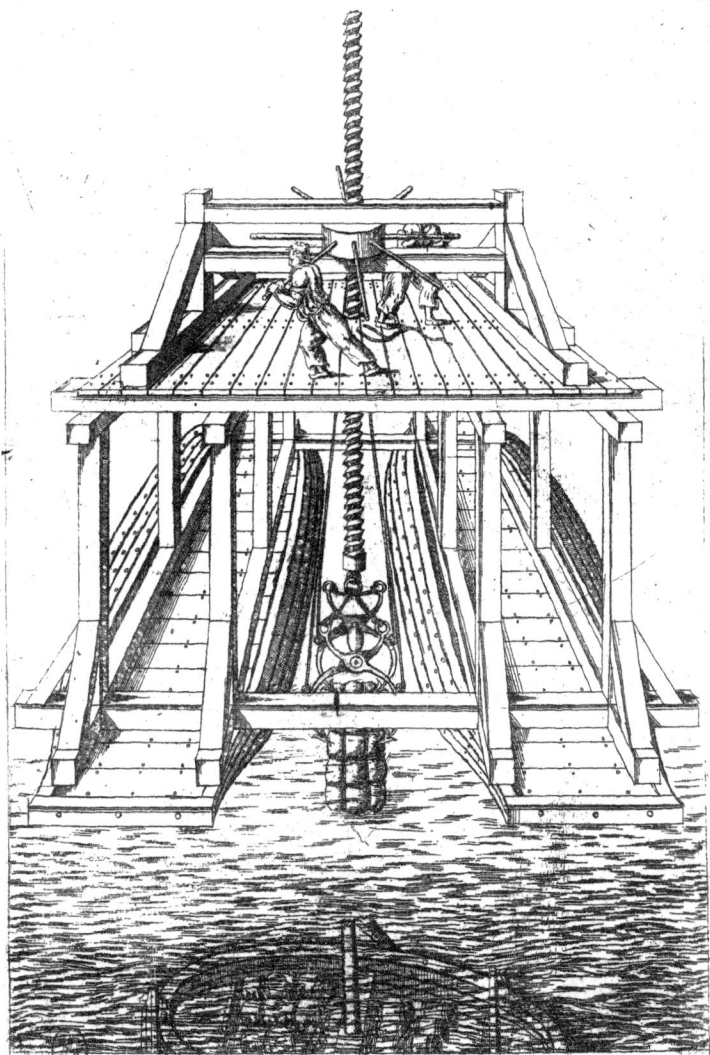

Occid.
Ang. Midi.

LIGNE MERIDIONALE.

P.

Ang.
Orient.
Midi.

PROPOSITION DE L'AVTHEVR

SVR LA LIIII. FIGVRE.

MACHINE TIRANT A CELLE, QVE IADIS ARCHIMEDES INVENTA
DANS SIRACVSE; QVAND PAR LE MOYEN DE LA VIS SANS FIN
ET D'VNE SEVLE MAIN DE FER, IL TIRA DE TERRE EN MER VN
VAISSEAV DE MERVEILLEVSE GRANDEVR EN LA PRESENCE DV
ROY HIERON ET D'VNE MVLTITVDE INFINIE, QVI N'EN PEVST
AVTANT FAIRE DE TOVTES SES FORCES CONIOINCTES.

Declaration de la mesme Figure   LIIII.

Ombien ceste Machine soit digne & excellente, il n'y a nul, qui le puisse exprimer
auec parolles; d'autant que la force de certains Iastrumens, par leur triplication
est augmentée pres qu'infiniement. Il y a icy vne disposition de trois Vis sans fin,
qui sont en ce Bateau qui est en Encre deuers Midi; en l'assemblage d'enhaut duquel paroissent cinq Pieces de Bois tendans de Midi en Septentrion, au premier
desquels est vne certaine Signole, qui tourne; par laquelle toutes les Poulies des
Vis sans fin la remarquées, se mouuent auec vn ordre tel : c'est à sçauoir, que celle
qui est au troisiesme Bois, se meut la premiere, & fait mouuoir puis l'autre, qui est
au second Bois; laquelle en fin fait mouuoir celle, qui est au cinquiesme Bois; au-
tour de l'Axe de laquelle est attourtillée la Corde, attachée au Vaisseau, qu'on doit trainer dedans la Mer.
Ce qu'apparoit des pourtraits de la Figure.

Additoin.

Velle force soit en vne Vis infinie, & côbien elle se multiplie estant double, nous l'auons veu cy deuât.
Quelle donques & combien grande l'aura elle icy où il y en a trois. Or les parties de ceste belle inuention ont esté en brief si tresbien expliquées par nostre Interprete, qu'il ne nous demeure plus rien à y
adiouster; sinon que d'aduertir le lecteur de considerer, comment le Vaisseau à tirer en Mer est mis sur des
Rouleaux, & grosses pieces de Bois rond, à fin de pouuoir tant mieux courir.

LIGNE SEPTENTRIONALE.

Ang. Septen.
Occid.

Aug. Septentrionale
Orient.

LIGNE ORIENTALE.

Figure Cinquantequatriesme.

LIGNE OCCIDENTALE.

Ang. Occid.
Midi.

LIGNE MERIDIONALE

Midi.
Aug. Orient.

P 2

PROPOSITION DE L'AVTHEVR

SVR LA LV. FIGVRE.

ARTIFICE IVSQVES A PRESENT INCOGNV, PAR LEQVEL, A
L'AIDE DE LA VIS SANS FIN, ET SANS GRANDE PEINE DES OV-
VRIERS, LES NAVIRES QVI NE SONT DV TOVT GASTEES SONT
TIREES A RIVE POVR LES RACCOVSTRER.

Declaration de la mesme Figure LV.

LE soustenement., ou pied de ceste Machine se tient sur vn Piuot, ainsi que les vulgaires Moulins à vent; à ce que les fardeaux par icelle soulleués, se puissent
transporter & mettre où l'on voudra; par le moyen de ceste Piece de Bois, qui
rend vers Midi, parallele à la ligne d'Occident, & esloignée de celle 1. Mes. 11.
Part. que deux hommes poussent. Le reste appartient à la fermeté de la Machine
& au mouuement de l'hausser des Poix . Mais en ce lieu là, qui de la ligne Occidentale est loing 1. Mes. 6. Part. & de la Meridionale 1. Mes. 17. Part. il y a vne Vis
sans fin; de l'Aissieu de laquelle vne Corde se vient rendre au Bout du Bec de la
Machine; duquel pend par des Cordes la Mousle des Architectes laquelle comme
dict a esté par cy deuant, a tresgrande force de tirer. Il faut aussi aduertir le Lecteur, que la corde icy peinte
outré celle que nous auons expliquée, ne serd de rien, & que au demeurant on doit imiter & ensuiure la
Figure.

Addition.

IL est aussi bien à remarquer, que la susdicte Mousle est à six Poulies : & que la Corde qui passe venant de
la Vis sans fin, a son dernier bout entortillé & attaché auec la Corde; de laquelle pend la Mousle. Le demeurant est assés declaré.

LIGNE SEPTENTRIONALE.

Ang. Septen. Occid.

Ang. Septen. Orient.

LIGNE ORIENTALE.

LIGNE OCCIDENTALE.

Figure Cinquantecinquiefme.

LIGNE MERIDIONALE.

Occid. Ang. Midi.

Midi. Ang. Orient.

PROPOSITION DE L'AVTEVR

SVR LA LVI. FIGVRE·

FABRIQVE DE MACHINE IVSQVES ICY INCOGNVE, PAR LAQVELLE
AVEC LA RAISON DE LA BALANCE, VN NAVIRE EQVIPPE EN-
TIEREMENT DE SES HARNOIS, PEVT ESTRE LEVE EN HAVT ET
CONDVIT DANS LE PORT, OV BIEN TIRE HORS D'ICELVY PAR
LE MOYEN D'VNE SEVLE MAIN DE FER.

Declaration de la mesme Figure LVI.

Velle soit la force de la Vis trois fois multipliée, il nous est ici monstré. Or ceste
piece qui est loing de la ligne Septentrionale 1.Mes. 14. Part. est le soustenement
de la Machine, qui s'appuye sur vn Piuot qu'il a en son milieu, à fin de se pouuoir
librement tourner. Le reste appartient à la Stabilité du mouuement. Puis en
haut vers Occident il y a vn Bec, ou Balance premiere, qui est tirée par la seconde, en la Base de laquelle apparoit l'Angle d'vn Triangle : & ce Triangle sert
pour tenir à raison les Balances, & le soustenement ia dict. Dauantage en la Base
de la seconde Balance, au poinct qui esloigne de la ligne Meridionale 2. Mes.9.
Parr. & d'Orient 1. Mes. 6. Part. il y a vn Piuot, entour lequel vire vne Perche,
tendant de l'Angle d'Occident & de Midi en Septentrion; és bouts de laquelle sont des Chaines auec des
Anneaux, pour y mettre les Poix. Et ceste Perche cy aide autant les autres Balances, que vne Balance
mesme; de sorte qu'estant toutes iointes & vnies, leur force en est de vray tresgrande. Et pour la fin, depuis le Piuot de la mesme Perche, tirant vers Midi 1. Mes. loing, il y a vne Cheuille, qui tient à raison
icelle Perche; en l'extremité Septentrionale de laquelle sont les Chaines auec les Poix, à fin que l'Ouurier en soit aidé à leuer haut le Nauire, estant happé.

Addition.

J'Ay traduit la declaration dessus escrite, comme elle est en Latin; en laquelle sont vrayement quelques
fautes notables ensuiuies (comme ie tiens) par inaduertance . Car nostre Interprete parle bien
autrement en son interpretation Françoise, & dit ainsi: En ceste figure la piece qui est parallele à la
ligne de Septentrion, & loing d'icelle 1. Mesure 13. Parties est le soustenement de la Machine, de laquelle le dessous tourne sur vn Piuot, comme le pourra voir le diligent Lecteur. En ceste piece il y a ce
qui s'ensuyt: loing de la ligne d'Occident 13. Part. & demie, & de Midi 1. Mes. 14. Part. est le Piuot de la
Balance, de laquelle le bout est loing de Septentrion 5. Part. y ayant les Chaines, qui portent les Crocs,
qui happent les Cordes du Nauire. Outre plus loing des mesmes lignes 1.Mes. 4.Part. & 1. Mes. 18.Part.
est le Piuot de la seconde Balance; de laquelle l'autre bout est loing de la ligne de Midi 1.Mes. & d'Occident vne Mes. 8. Part. au milieu de laquelle est vne Piece de Bois qui tire la premiere Balance. Autant
en vient de la troisieme, qui tire ceste seconde; ce Triangle qu'apparoit, ne seruant qu'à tenir à raison les
Balances, à fin qu'elles ne varient çà ne là. Or ceste Troisieme Balance n'a pas son Piuot au corps de la
Machine, comme les autres, mais loing de la ligne de Midi 2. Mes. 11.Part. & cecy est à fin que si l'homme auec ses Contrepoix n'est pas assés fort on mette des poix à l'autre part, qui est Septentrional. Le tout
ainsi entendu, l'experience monstrera l'vtilité & gentillesse de la Machine.

LIGNE SEPTENTRIONALE.

Septentr. Ang. Occid.

Orient. Ang. Septentr.

LIGNE OCCIDENTALE

Figure Cinquantesixieme.

LIGNE ORIENTALE

Occid. Ang. Midi.

Midi. Ang. Orient.

LIGNE MERIDIONALE.

PROPOSITION DE L'AVTHEVR

SVR LA LVII· FIGVRE·

ARTIFICE NON PAS· ENCOR VVLGAIRE; LEQVEL POSE EN LA-
QVILLE D'VN NAVIRE, LA OV ENTRE L'EAV DE LA MER, ET
CESTE EAV MOYENNANT LE MOVVEMENT DV POVSSE NAVI.
RE, MOVVANT ET TOVRNANT TOVTES SES ROVES; IL MON-
STRE PLEINEMENT LE CHEMIN, QVE LA NAVIRE AVRA FAICT
EN NAVIGEANT.

Declaration de la meſme Figure LVII.

ES Nauires il y a vn Canal, où entre de l'eau, qui ſe meut ſelon que le Nauire eſt
agité. Et parainſi elle pouſſe vne Petite Rouë, laquelle apres en meut Vne autre
ainſi qu'aux Horologes; dont l'Eſguille par la multiplication des Rouës & des
Nombres remarque en fin les Miliaires. La diſpoſition des Rouës Ie la ſçay, mais
combien de dents il y faut, Ie ne l'ay pas experimenté. Qu'en facent experience
ceux là qui vont ſur Mer.

Addition.

TOute la ſubtilité de ceſte Inuention eſt aux Rouës, qui faut faire comme és Horologes; l'vne d'icelles
(qui eſt la premiere) eſtant à Aiſles, à fin que l'eau qui paſſe par le Canal, la tourne, & elle face tourner
les autres, qui doyuent eſtre diſpoſées ſelon leur ordre: par le moyen dequoy elles rendront deuoir, pour
veu qu'on ait faiſt experience de la quantité des dents, qu'il faudra à Celle, qui menera l'Eſguille, mon-
ſtrant les Miliaires. La forme en eſt celle, qui eſt vers Septentrion.

Figure Cinquanteseptiesme.

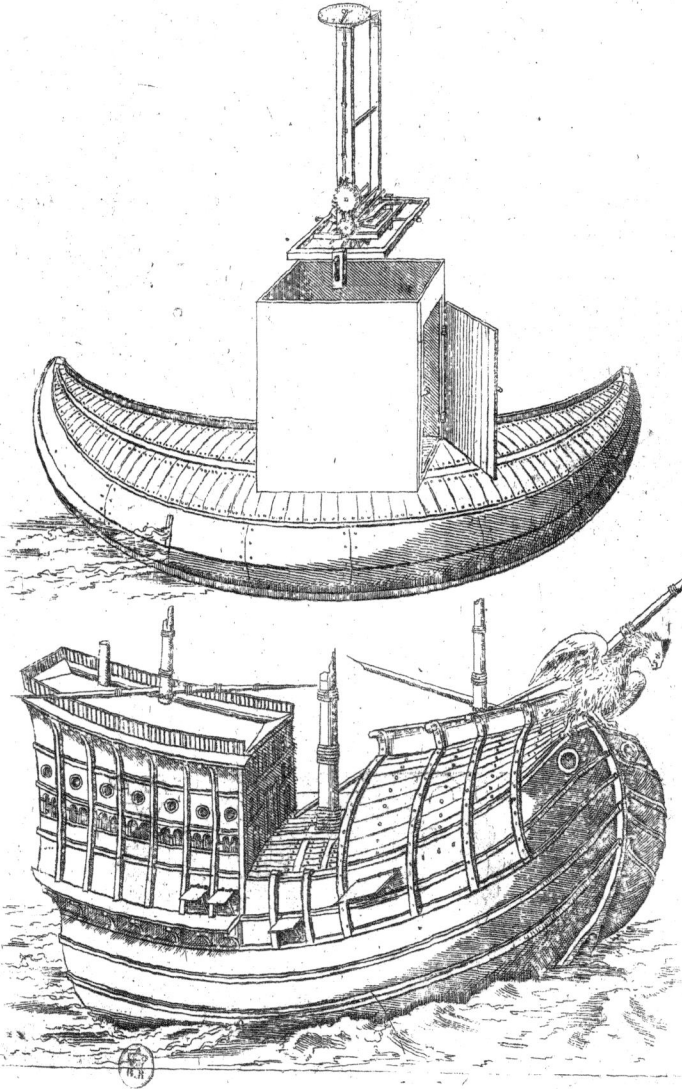

PROPOSITION DE L'AVTHEVR

SVR LA LVIII. FIGVRE.

NOVVEAV ARTIFICE POVR TIRER DV FOND DE LA MER VN NA-
VIRE SVBMERGE, AVEC TOVTE SA CHARGE; POVRVEV QVE LA
HAVTEVR DE L'EAV N'OVTREPASSE POINT TRENTE TOISES, OV
QVE LE NAVIRE NE SOIT PAR TROP ENSEVELI DE LIMON, OV
DV TOVT ROMPV ET FROISSE.

Declaration de la mefme Figure   LVIII.

E cy fe fait fans aucune difficulté par la duplication de la Vis fans fin. Le nauire,
donc fubmergé efticy vers la ligne Orientale, attaché pour eftre leué en haut
de plafieurs Cordes;defquelles quattre s'en vont deffus l'eau s'entourtiller à quatre Tours. Or ces Tours icy font fur les bouts de deux Batteaux, nageans fur l'eau
au deffus du fubmergé Nauire, & ioint enfemble par quelques Pieces de bois
ayant chafcun d'iceux Batteaux en chafcun des Affemblages de ces deux bouts
vne double Vis fans fin, comme le Lecteur bien entendu le pourra bien co-
gnoiftre s'il confidere bien la Figure. Il vérra auffi, que les Vis Infinies Orientales
ont leur mouuement de ces deux hommes, qui font fur le Batteau vers Orient;
& les Occidentales, de ceux qui font dans l'Affemblage mefmes où font les Vis au Batteau d'Occident.
Quant au Nauire, qui eft en Septentrion ayantles voiles efpandues, il fert pour garder de danger les
autresà fin qu'ils foyent amenez fe reduifent au Port.

Addition.

IL n'y a point de doubte, que la trefgrande force de cefte Machine fi excellente, eft en la duplication de
la Vis fans fin;laquelle Machine ainfi entendue, & ainfi difpofée, que noftre Interprete la nous à declai-
rèe, lors que les Mariniers tournent, les Vis deffus dictes font fi fortes, que ou les Cordes romprôt, ou bien
le Nauire tournera à mont.

Ang. Septent.
Occid.

Ang. Orient.
Septent.

LIGNE ORIENTALE.

Figure Cinquantehuictiéme.

LIGNE OCCIDENTALE.

Occid.
Ang. Midi.

Midi.
Ang. Orient.

Q. 2.

PROPOSITION DE L'AVTHEVR

SVR LA LIX. FIGVRE.

ICY NOVS PROPOSONS FINALEMENT VNE NOVVELLE ESPECE DE
PRESSOIR, TENANT PEV DE PLACE; LEQVEL EST COMPOSE DE
TROIS VIS SANS FIN, ET PEVT SERVIR A PRESSER LA VENDEN-
GE, ET DES DRAPS, ET AVSSI A IMPRIMER CHARTES GEOGRA-
PHIQVES, ET TAPISSERIES SVR TOILE, OV CVIR.

Declaration de la mefme Figure LIX.

L n'y a perfonne, qui ne fçache quelle foit la force de la Vis commune és Preffoirs
laquelle eft icy grandement multipliée. Car l'Aiffieu & les Vis font trois Vis infinies. Or l'Ouurier en mouuant vers Occident cefte Signole fait la force; laquelle
eft apres beaucoup plus multipliée par iceluy, qui d'embas tire à foy certains Rayons tendans en Orient auec vn long Crochet ; d'autant que fon effort & fon poix
adiouftent force plus grande au mouuement.

Addition.

I L merite bien ce Preffoir par fon excellence & proprieté, qui font vrayement grandes, éftre plus ample-
ment declaré, à fin qu'il foit mieux entendu. Or fon edifice eft planté & fouftenu en terre, à ce que fon
poix foit tant mieux fupporté (combien qu'il fe puiffe dreffer fur quelque bon plancher) ayant deux bonnes Gemelles, dont chacune à vne Renure, par où puiffe aller la planche qui preffe. Entre le haut & le bas
de l'edifice où Affemblage eft au milieu vne Soliue trauerfiere fixe, parallele à la ligne de Midi , loing di-
celle 2. Mef. 7. Part. à laquelle eft vn autre femblable loing 5. Part. d'icelle . Ces deux Pieces font percées
en rond, l'vne deffus l'autre, à fin que les Vis y puiffent entrer librement. Et entre ces deux Soliues font les
trois Efcrouës des Vis, qui font menés par l'Aiffieu qui tourne dans les trous de ces deux Pieces quarrées,
fortans de hors vis à vis du milieu des dictes Soliues. Au bout du dict Aiffieu vers Occidét eft vne Signole
menée par vn homme; & au bout d'Orient font huit Rayons(encor qu'on y en puiffe mettre 'dauantage)que
vn autre homme tire auec vn long Crochet, eftant lointain & au deffus d'iceux : car ainfi il aide fort
tant par fa force , & par fon poix , que par la diftance, laquelle aide beaucoup en telles chofes: ce q ie l'experience monftre . Parquoy toutes fes forces communiquées l'vne à l'autre & finalement aux Vis interieures,
font qu'elles pouffent terriblement . Et faut auffi bien aduertir , que fans eftre contraint à vn certain no m-
bre de Vis, on en peut mettre ou vne feulemét, ou deux ou plufieurs, felon qu'on en a affaire. Et pour la fin,
quand à ce que l'Autheur propofe qu'vn tel Preffoir peut feruir mefmement à Imprimer des Chartes & des
Tapifferies en Toile, & Cuir; c'eft pource que l'on preffe tantqu'on veut cefte Preffe ; differente des ordinai-
res Preffes des Imprimeurs, en ce que la laiffant, elle preffe toufiours, fans qu'il faille y tenir la main.

Septent.
Ang.
Occid.

Orient.
Ang.
Septenr.

Figure Cinquanteneufiefme.

LIGNE OCCIDENTALE.

LIGNE ORIENTALE.

Occid.
Ang.
Midi.

Midi.
Ang.
Orient.

LIGNE MERIDIONALE.

PROPOSITION DE L'AVTEVR

SVR LA LX. FIGVRE.

INVENTION A PEINE CROYABLE, PAR LAQVELLE AVEC LA RAI-
SON DE LA BALANCE, ET DV MOVVEMENT DES CHOSES LEGE-
RES CONTRE NATVRE, ON PEVT COMPOSER AINSI VN NAVIRE,
QV'ESTANT LA MER PAISIBLE ET CALME, IL CHEMINERA ET A
PEV DE VENT IL SE HASTERA ET SI LE VENT EST GROS IL MO-
DERERA SA COVRSE: CHOSE CERTES DIGNE D'ESTRE ENTEN-
DVE D'VN ROY.

Declaration de la mesme Figure LX.

Este Nef a icy deux Rouës, à fin qu'au milieu d'icelles se puisse mettre ceste Machi
ne qui est vers Midi, en laquelle aux bouts de l'Asseblage d'embas sôt deux Piuots
sur quoy appuyée elle a libre mouuement; & en son extremité est vn Rhombe
Spherique, faict quasi en forme d'vn Tonneau, qui se meut tout libremét. Dauantage il y a vne Perche, du bout de laquelle pendent des Cordes qui apparoissent
aussi en la grande Nef estans à vn Tour qui est loing de la ligne de Septentrion 1.
Mes. 12. Part. & d'Oriét 1. Mes. 7. Part. attortillées; à fin que quand elles y seront
assés deuidées, les Mariniers les laissans aller tout à coup, le Rhombe face son mouuement. Et ceste Perche là, auec les Cordes sus dictes à son bout, & auec le reste
de son Assemblage est vne Balance, laquelle apparoit icy deux fois: à sçauoir en la Nef tirant vers Septentrion & en l'autre plus grâde: àfin que rien au lecteur ne soit celé. Qui sont les choses, qu'à present i'ay voulu dire sur la composition des Instrumens cy deuant declarés; en priant les lecteurs debonnaires de les
vouloir prendre en bonne part.

Addition.

IE ne pense point qu'on puisse exprimer par paroles l'excellence de ceste Machine; veu que par le mouuement, qui est causé par deux hommes, & d'vne Balance, vne Nef peut estre autant poussée, que par vn
moyé Vét. Et côbien que par nostre Interprete cela se soit en sôme assés biê declaré; toutesfois il me plait de
l'expliquer encores plus au long, auec plus ample declaratió de ses parties, propriétés & vsages, qui y entrent.
Premieremét dôc il faut que la Nef ait deux Rouës, à fin qu'en l'espace côtenu entre icelles, se puisse aisémét
mouuoir la Balance, qui ioüe sur les deux Piuots; desquels l'vn est en vne forme, & l'autre en l'autre. Et ceste
Balâce ainsi ioincte au Nauire, se voit en celuy qui est peint au milieu de la Page; mais toute seule & plus particulierement elle apparoit au Port, appuyée contre le Pharon, qui est vers Midi, ayant de long en long 2.
Mes. 4. Part. depuis le bout qui touche, quasi la ligne de Midi iusques au diametre du Vaisseau faict en forme de Rhombe Spherique; duquel le mouuemét est libre sur deux Piuos, qui sont dans les deux Branches
du bas de la Balance lesquelles sont fendues iusques au milieu à fin que le Rhôbe puisse estre haussé & baissé.
Au reste les deux Piuots de la Balâce, sur lesquels elle meut, sont loing en ceste Figure de ceux du Rhôbe 15.
Parties d'vn costé & 2. de l'autre; côbien qu'ils en doiuét estre egalemét distâs: ce que la raison de la prospecti
ue icy obseruée par le Peintre, a engardé de pouuoir faire. Mais quoy qu'il en soit: quâd au Rhôbe, il tourne
sur la Mer au prix que la Balance remuë; & estant grand, fait par son cours contraire, que la Nef est poussée.
Or estant la Balance assemblée au Nauire, elle est tirée par ces Cordes, qui se voyent à son bout; lesquelles respondent à vn Tour loing de la ligne de Septentrion 1. Mes. 14. Part. & de celle d'Orient 1. Mes. 10.
Part. qui est menée par deux hommes, lesquels laissent aller la Corde lors qu'elle est toute deuidée. Ainsi la
Ba lâce eschappant, fait que le Rhombe tourne au contraire, & qu'il pousse la Nef. La cause de ce poussemét
est en ce, que le poix de la Balance constrainct le Rhôbe à s'approcher du bas du Nauire, lequel d'autant qu'il
a libre mouuemét, tourne, & parainsi accomplit la proposition requise: qui est ce qui doit estre consideré.
Quand au reste ceste Nef, qui est vers Septentrion, monstre la disposition de la Balance, & du Rhombe.

FIN.

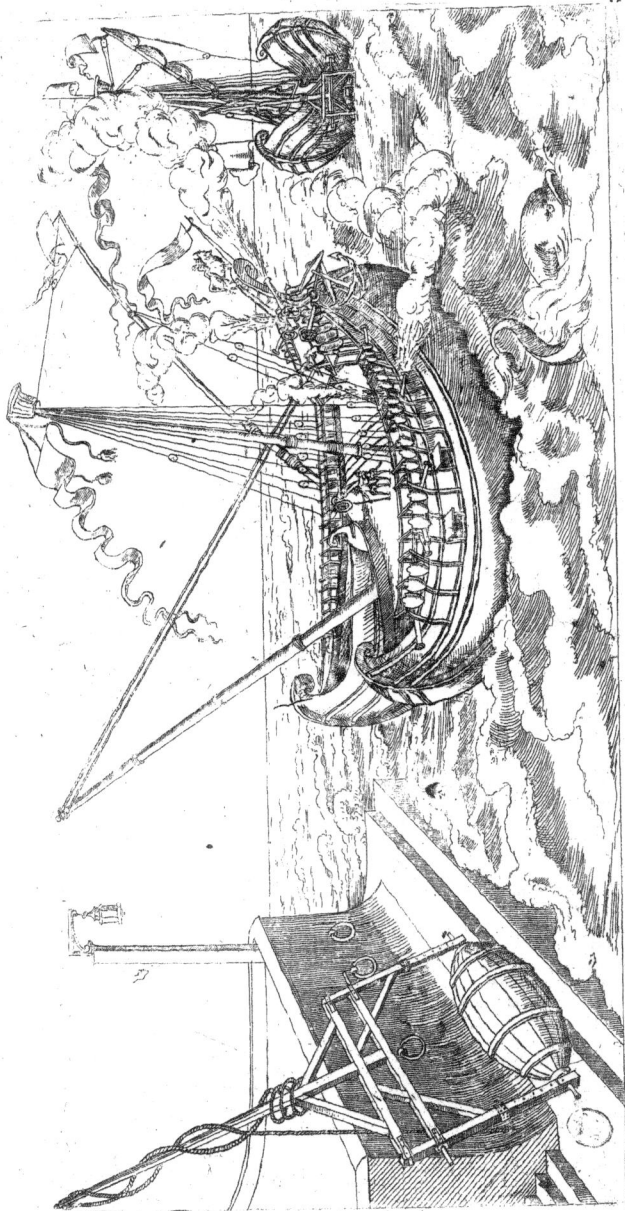

LIGNE SEPTENTRIONALE

LIGNE ORIENTALE

LIGNE MERIDIONALE

LIGNE OCCIDENTALE

Figure Soixantiesme.

Ang. Septen.
Occid.

Ang. Septen.
Orient.

Occid.
Ang. Midi.

Midi.
Ang. Orient.

www.ingramcontent.com/pod-product-compliance
Lightning Source LLC
Chambersburg PA
CBHW071158200326
41519CB00018B/5278